すべてが武器になる

文化としての〈戦争〉と〈軍事〉

石川明人
ishikawa akito

創元社

すべてが武器になる　文化としての〈戦争〉と〈軍事〉　目次

序　章　芸術的、宗教的、象徴的
——武器へのまなざし …… 7

第1章　動物、健康、保存食
——生きている武器たち …… 39

第2章　鉄道、飛行機、カメラ
——組み合わせて武器にする …… 79

第3章　ネジ、工具、標準化
——武器とものづくりの発想 …… 121

第4章　語学、民族学、宗教　……　155
――武器になりうる人文知
終　章　文化、戦争、平和　……　195
――結局すべてが武器になる
参考図書案内　221

装丁　山田英春
組版　寺村隆史

すべてが武器になる　文化としての〈戦争〉と〈軍事〉

序章

芸術的、宗教的、象徴的

武器へのまなざし

武器は人を惹きつける

小学生の頃、扇風機のプラモデルを作ったことがある。扇風機のプラモデルなんてあるのか？　と思われるかもしれないが、当時はあったのだ。一般家庭にある家電メーカーの扇風機をそのまま小さくしたデザインで、今だったら「昭和レトロ」と言われるだろう。ちゃんとモーターと乾電池を組み込めるようになっており、完成させると実物と同様に動くのである。私はそれを組み立てる過程で、扇風機がファンを回しながら自動で首を左右に振る際のメカニズムを知り、なるほど、これを考えた人は頭がいいな、と感心したことを今でもよく覚えている。

同じ頃、ピストルのプラモデルも作った。形はリボルバー（回転式拳銃）で、ちゃんと弾も飛ばせるのだが、それは球形のBB弾ではなくツヅミ弾と呼ばれるてるてる坊主のような形の弾だった。親指で撃鉄《げきてつ》を起こすと弾倉が回転してカチリと止まり、引き金を引くと撃鉄が落ちて薬莢《やっきょう》の後ろを叩く。すると薬莢の中であらかじめ圧縮されていたバネが解放されて弾を飛ばすという仕組みだった。固いバネの入った薬莢を六つ組み立てるのには時間がかかったが、これもまた全体を作る過程で、なるほどこういう仕組みで引き金と撃鉄と弾倉が連動しているのか、と感心したのであった。

他にもいろいろなプラモデルを作ったが、なかでも好きだったのは戦闘機である。特にF16戦闘機のプラモデルを組み立てるのに夢中になった時のことを思い出すと、接着剤の匂いまでよみがえってきそうになる。当時の私は、その戦闘機の最高速度や全長、全幅などの数字も全てそらんじて言うことができた。戦史などに関心があったわけではなく、ただ単純に、その飛行機のボディから主翼へとつながっていくゆるやかな曲線的デザインに魅了されたのである。私は完成したその模型を、飽きもせずに何時間でも眺めていることができた。

その時その戦闘機のどこが美しいのかと人から問われても、小学生の語彙《ごい》ではきちんと答えることはできなかったと思う。子犬や子猫を見て、つい「かわいい」と思ってしまうのと同じで、直感的としか言いようのないものだったからである。だが、とにかく当時の私は、ピストルなど銃の機械仕掛けを面白いと感じ、戦闘機の流線型のデザインを美しいと感じた。花束や美術品よりも、武器や兵器と呼ばれる道具や機械の方が圧倒的に魅力的だったのである。[*1]

やがて大人になってから、自衛隊でUH60Jヘリコプター、P3C哨戒機、90式戦車にも乗せてもらった。それらのコックピットは精緻で美しく、猛烈なエンジン音は内臓全体に響くものだと知った。89式小銃、M2重機関銃、M61バルカン（戦闘機に搭載されている機銃）にも触らせてもらったが、四〇歳を過ぎてからある国へ出張した時、生まれてはじめて軍用ライフルの実弾射撃も経験した。撃ったのは旧ソ連製のAK47と、アメリカ製のM16で、私はその発射音と反動に文字通りしびれた。子供の頃からテレビや映画で見たり模型で遊んだりしていた銃の本物とはなるほどこういうものなのかと、ただ単純に感動したのであった。

三島由紀夫とF104戦闘機

さて、こんなことを書くと、戦争の道具、人殺しの道具に興味をもち、軍用ライフルを撃って喜んでいるとは何事か、と苛立つ方もいらっしゃるかもしれない。だが、それらにはいかんともしがたい魅力があるのは確かで、不謹慎だとか非平和主義的だとか言われても、そうですかと言うしかない。現に人類は、大昔から戦争を繰り返してきた。ロバート・アードレイが『アフリカ創世記――殺戮と闘争の人類史』のなかで太古を振り返りながら「優秀な武器が人間の夢の中心であった」[*2]と書いたのも、わりと正しいのではないかと思う。人類は、ふと気づいた時にはすでにさまざまな武器を手にしていた。少なくとも、いかなる武器も存

＊1　趣味としてのミリタリーへの関心については、吉田純編、ミリタリー・カルチャー研究会『ミリタリー・カルチャー研究――データで読む現代日本の戦争観』（青弓社、二〇二〇年）が具体的な調査結果をまとめており、興味深い。

＊2　ロバート・アードレイ（徳田喜三郎、森本佳樹、伊沢紘生訳）『アフリカ創世記――殺戮と闘争の人類史』筑摩書房、一九七三年、三二四頁。

在しなかったことで知られる社会はない。
三島由紀夫も、戦闘機に対する強い思い入れを語っている。彼は『太陽と鉄』という独特なエッセーを残しているのだが、そのエピローグを「F104」と題し、自衛隊でF104戦闘機に体験搭乗したときのことを綴っているのである。それは次のように奇妙なほど陶酔的な文章だ。二箇所ほど紹介しよう。

「あの鋭角、あの神速、F104は、それを目にするや否や、たちまち青空をつんざいて消えるのだった。あそこの一点に自分が存在する瞬間を、私は久しく夢みていた。あれは何という存在の態様だろう。何という輝やかしい放埒《ほうらつ》だろう。頑固に座っている精神に対する、あれほど光輝に満ちた侮蔑があるだろうか。あれはなぜ引裂くのか。あれはなぜ、一枚の青い巨大なカーテンを素早く一口の匕首《あいくち》が切り裂くように切り裂くのか。その天空の鋭利な刃になってみたいとは思わぬか」[*3]

「F104、この銀いろの鋭利な男根は、勃起の角度で大空をつきやぶる。その中に一定の精虫のように私は仕込まれている。私は射精の瞬間に精虫がどう感じるかを知るだろう」[*4]

文学的表現としてもいささか過剰であるように思われるが、とにかく三島は、F104戦闘機に乗ることに対して尋常ではない思い入れを持っていたのだ。

今ここで、戦闘機あるいはライフル銃などについてフロイト的な分析をしてみることにどのくらいの意味があるのかはわからないし、何か別の理論から武器の不思議な魅力を解説してみせることも難しい。だが、とにかく武器や兵器といったものは決して単なる「技術」の世界だけでの話ではないし、また「政治」あるいは「倫理」だけで済ませられるものでもないことは確かである。戦争で用いられる道具には、人を惹き付ける何かがある。

芸術としての武器

現に「武器」は、芸術の領域ともゆるやかにつながっている。日本刀は現在では美術品のようなものとして扱われているし、ヨーロッパでもかつては剣や盾に細やかな彫刻が施されたり、金や銀や宝石で飾られたりした。今でも銃に彫刻をする文化は残っている。外国の博物館や美術館に行けば、豪華に装飾された武器や甲冑がずらりと展示されているのを目にす

＊3　三島由紀夫『太陽と鉄・私の遍歴時代』中公文庫、二〇二〇年、一〇〇～一〇一頁。
＊4　同書、一〇三頁。

るだろう。

例えば、ニューヨークのメトロポリタン美術館には「ヨーロッパ絵画部門」「エジプト芸術部門」「アジア芸術部門」「現代美術部門」などと並んで「武器・鎧《よろい》部門」がある。大量の刀剣、甲冑、銃など、戦争の道具が保管・展示されているのは、それらが美術品としても独自の価値と歴史を持っているとみなされているからに他ならない。武器を愛《め》でるという文化は、古今東西に見られるものであろう。確かに近代以降、武器は工場で大量生産されるようになった。だが、工業製品となってもなお、人間の身体や自然環境に合わせて合理的に設計されたその武器や兵器の形貌《けいぼう》は、禁欲的でミステリアスな魅力を秘めているように感じられる。

では、武器は戦闘の道具であるか、そうでなければ美術表現の題材であるかのどちらかなのかというと、話はそう単純ではない。人間はこれまで武器や兵器に、軍事とも美術とも異なる、さらに別の意味や機能も与えてきたからである。

宗教における「武器」

例えば、武器は宗教とも密接な関係にあり、『宗教学辞典』（東京大学出版会）にも「武器」という項目がある。世界各地の宗教では、さまざまな武器が何かの象徴とされたり、それ自体が崇拝対象になっていたりすることもよくあるからだ。

典型的なものとしては、不動明王の降魔の利剣があるし、修験道における九字《くじ》の法・蟇目《ひきめ》の法なども、剣や弓の威力で怨霊や怨敵を追い払うものである。「白羽の矢」のように、特定の武器は神意をあらわすものともされてきた。流鏑馬《やぶさめ》は一二世紀には祭礼・神事と結びついていたようであるし、今でも多くの人は正月に神社で破魔矢を手に入れて自宅に持ち帰る。日本では剣が神体とされている例があることは周知の通りで、もっぱら神社仏閣に奉納する目的で作られた武器もある。武器崇拝は古代エジプトやケルト人のあいだでも見られたようである。

世界最大の宗教団体、ローマ・カトリック教会の総本山であるヴァチカンには、教皇を警護するスイス衛兵がいる。彼らはその鮮やかなオレンジとブルーの制服で観光客にも人気であるが、常に剣やハルバード（槍斧《そうふ》）など、迫力のある武器を手にしている。信者たちはそれを見ても、自分たちが日頃主張している平和主義と矛盾するとは考えない。「剣を取る者は皆、剣で滅びる」というイエス・キリストの言葉も、どうやら彼らには適用されないようである。[*5]「聖人」とされたジャンヌ・ダルクもしばしば剣を手にした姿で描かれているし、

＊5　ヴァチカンのスイス衛兵は単なる儀礼的存在ではない。彼らは訓練を受けた兵士であり、装備品には銃も含まれている。

天使ミカエルや聖ゲオルギウスなども、槍や剣などの武器を手にした姿で描かれるのが定番だ。プロテスタントでは、チューリッヒにある宗教改革者ツヴィングリの銅像がその手に大きな剣を持っている。彼は現に戦いに参加して死んだ。

旧約聖書の「創世記」では、神は禁断の果実を口にしたアダムとエバをエデンの園から追い出した後、エデンの東に「きらめく剣の炎」を置いたとされている。他の箇所でも、「剣」は神の神聖な武器としてしばしば敵に向けられている。新約聖書では、信徒は「キリスト・イエスの立派な兵士」とも呼ばれており、「信仰」は不思議なことに武器や戦闘のイメージに重ねて語られ、「神の武具」「信仰の盾」「霊の剣」といった言葉も使われているのである。

インドにおけるバラモン教の主要神インドラは、「ヴァジラ」という武器を持っていて、それで悪竜ヴリトラを退治したとされている。やがてインドラは「帝釈天《たいしやくてん》」と漢訳され、ヴァジラは「金剛《こんごう》」ないしは「金剛杵《しょ》」と訳されるようになった。その武器は中央に把手《とって》があって両脇に尖った切っ先が付いた形状になり、仏教では煩悩や迷いを打ち破る菩提心の象徴とされるようになっていった。金剛力士や執金剛神《しゅこんごうじん》はその武器を手に持っていることが特徴であるし、空海が絵に描かれるときもそれを手にしている姿であることが多い。高野山に行くと、さまざまなサイズの金剛杵がお土産として売られている。

また、日本の「草薙剣《くさなぎのつるぎ》」やケルトの「エクスカリバー」のように、武器にはさまざまな伝説や神話的な物語、あるいは怪談などが付与されることもある。ある武器には特別な由来があるとされたり、超自然的な力が宿っているとされるなど、単に敵を殺したり撃退したりするだけの道具ではなく、それ以上の何かとして敬意の対象、あるいは畏怖の対象ともなる。室町時代の刀工、村正の刀も有名だ。それは優れた品質で名高かったが、その一方で、持ち主に祟るなどと言われたり「妖刀」と呼ばれたりするようにもなった。

慰霊と武器

アメリカの最も大きな軍人墓地であるアーリントン国立墓地には、「無名戦士の墓」がある。そこを三六五日警備しているのは陸軍第三歩兵連隊の兵士だが、彼らはピカピカに磨いたM14ライフルを肩に担いでいる。それには銃剣も取り付けられているのだが、しかしよく見ると、弾倉は取り付けられていない。つまり弾は入っていないのである。弾の入っていない重さ約四キロの銃を担いで墓の警備にあたる、というのは全く合理性に欠けているように見える。だが、神聖なる無名戦士の墓の前で彼らが手にしている着剣したM14ライフルは、もはや実用的な武器ではなく、戦死者の前で営まれる宗教的儀礼の祭具のようなものとして扱われていると考えるべきであろう。

また、軍用機によって「慰霊飛行」（ミッシングマン・フォーメーション）が行われることもある。

これは空軍・航空隊関係者や政治的・軍事的功績がある人物の死などに際して行われる、慰霊や弔慰のための飛行である。さまざまな形態があるので一概には言えないが、四機編隊で会場上空に侵入し、通過と同時にそのうちの一機だけが急上昇して編隊を離脱するという飛び方をすることが多い。戦争映画でそういうシーンが挿入されることもあるし、日本でも東日本大震災の年に開かれた航空祭で、航空自衛隊のF15戦闘機による慰霊飛行が行われた。もちろん戦闘機そのものに宗教性はないが、慰霊という宗教的行為、ないしはその姿勢を表すために「武器」「兵器」が用いられることもあるのだ。

武器はステータスでもある

また、「武器」は狭義の宗教とは別に、社会的なステータスを意味するものとして特別視されることもある。有名な例として、エヴァンズ＝プリチャードが『ヌアー族の宗教』で報告したものが挙げられる。アングロ－エジプト・スーダン南部のサヴァンナや沼沢地に住む牛牧民のヌアーは、槍という武器を特別なものとして扱う。彼はその本のなかで、「ヌアーが自分の槍に対してもつ真摯《しんし》な感情には驚かされるばかりである。それは単なる武器としてではなく、あたかも生命をもつもののごとく扱われる」[*6]として、かなり詳しく論じている。

彼によれば、ヌアーにとって槍は「人間の力と活力と徳を表わす右手の延長」であり、「自己の投影」でもあるのだ。漁槍でも単なる漁の道具以上の意味を持っているようだが、やはり戦闘用の槍は特にその傾向が強く、他人が無断でそれを使うと大きなトラブルに発展するという。少年は成人式をへて男として責任を負うことになると、父親から戦闘用の槍をもらう。だがその際に受けるのは、単なる武器ではなく新しい地位でもあるのだ。エヴァンズ＝プリチャードは、その槍の重要性は実用性だけにあるのではなく、「精神的なもの」だと指摘し、次のように述べている。「槍そのものの使用価値と、社会的人格の指標としてそれを使用することの評価が入り混っていることから、槍は単に武器であるにとどまらず、複雑な社会関係を表象するものとなっているのである[*7]」。

こうした例は他の国でも見られる。実は秀吉の「刀狩り」にも似た背景があった。いわゆる「刀狩り」は単なる庶民の武装解除ではなく、身分や誇りに関わる問題であった。だから秀吉は人々から刀をとりあげることは困難であると最初からわかっており、そのため、集めた刀をとかして大仏を造るから「仏のため」に刀を差し出せ、という説得の仕方をしたので

＊6　E・E・エヴァンズ＝プリチャード（向井元子訳）『ヌアー族の宗教』（下）平凡社ライブラリー、一九九五年、一一一頁。
＊7　同書、一一二頁。

あった。当時日本にいたイエズス会の宣教師たちも、秀吉は宗教を利用して刀狩りをしている、とヨーロッパに向けて報告している。刀が単なる武器ではなく、社会的なステータスに関わるものであることは、むしろ常識だったのである。

秀吉が一二歳くらいの時に日本にやって来たフランシスコ・ザビエルも、ヨーロッパの仲間に宛てた書簡のなかで、日本人の「武器」への執着について報告している。ザビエルは、日本人は「武器を尊重し、非常に大切にし、よい武器を持っていることが何よりも自慢で、それに金と銀の飾りを施します」と書いている。そして、日本人は家にいるときも外出するときも武器を手放さず、寝るときも枕元に刀を置いていることに驚き、「私はこれほどまでに武器を大切にする人たちをいまだかつて見たことがありません」[*8]と続けている。

海軍士官の短剣

二〇世紀の日本でも、かつて海軍士官の短剣は特別なステータスを象徴するものであった。再び三島由紀夫の例になってしまうが、『金閣寺』のはじめの方に次のような印象的なシーンが描かれている。

主人公の少年時代のことである。中学校のグラウンドに、卒業生の海軍機関学校生徒が休暇をとって遊びにきた。目深にかぶった制帽のひさしから秀でた鼻梁をのぞかせている彼は、精悍に日焼けをしており、その一挙手一投足は誇りに満ちていた。彼は厳しいはずの訓練生活を豪奢で贅沢な生活のように語ってみせ、後輩たちは尊敬と羨望の眼差しで彼のことを見ていた。やがて彼は機関学校の制服を脱いでかたわらの柵にかけ、離れたところへ後輩たちと角力《すもう》をしに行った。その制服の脇には、中学生の誰もが憧れている帯革と短剣もかけられてあった。

それを見た主人公は心のなかでつぶやく。「海兵〔海軍兵学校〕の生徒はその短剣でこっそり鉛筆を削るなんぞと言われていたが、そういう荘厳な象徴をわざと日常些末の用途に使うとは、何と伊達なことだろう」。だが、吃《ども》りをもち引込思案な主人公は、周囲を見渡し、誰も見ていないのを確かめると、自分のポケットから錆びついたナイフを取り出し、こっそりとその先輩の美しい短剣の黒い鞘に、醜い切り傷を彫り込んだのであった……。[*9]

ここでの「短剣」は、もはや戦闘のための道具ではない。社会的地位をあらわす象徴であり、子供たちの憧れの対象であって、汚《けが》してはならぬ神聖なものなのである。だからこそ、こうした描写が主人公の複雑に屈折した心理の表現として成立している。「儀仗《ぎじょう》」という言葉も

*8　『聖フランシスコ・ザビエル全書簡』（河野純徳訳）平凡社、一九八五年、五二一頁。
*9　三島由紀夫『金閣寺』新潮文庫、一九六〇年、一〇〜一一頁。

あるように、儀礼用の武器は二一世紀現在でも継承されていて、自衛隊、アメリカ軍、その他多くの国の軍隊で儀礼刀が用いられている。先ほど触れたスイス衛兵のハルバードも、儀礼刀の一種だと言える。西洋では古くから、「職杖」という装飾を施された棒が、政治的な権威や権力の象徴として用いられてきた。これも当初は殴打用の武器、つまり棍棒（メイス）であり、やがてそれに装飾が施され、祭具のようなものとして、あるいは社会的権力や政治的権威をあらわすものとして扱われるようになっていったのである。

モザンビークの国旗には独立への苦闘の象徴として自動小銃のＡＫ47が描かれているし、同じようにグアテマラの国旗にも護国の意志の象徴として二丁のライフル銃が描かれている。サウジアラビアの国旗にも剣が描かれているし、ケニアの国旗には盾と槍が、エスワティニの国旗にも同じく盾と槍が描かれている。ブータンの丸い国章も、中央に描かれているのは先ほど述べた金剛杵である。武器は国家や民族の歴史や意志を示す象徴として用いられることもある。

このように、本来は戦闘の道具であるものが、しばしば実用性から切り離されて別のさまざまな意味や機能を与えられてきた。軍事に関する道具は、その他のもの、例えば農耕器具、医療器具、文房具、大工道具、料理道具などと比べて、かなり特殊な存在なのだと言っていいだろう。

武器とは何か、何が武器なのか？

さて、本書のテーマは、そうした「武器」「兵器」である。

戦争の歴史は武器の歴史でもあり、人間はこれまで戦闘で用いる道具に対して並々ならぬ関心を抱いて生きてきた。いまざっと見てきたように、それは自分や相手の命を左右する危険な物であるがゆえに、一人前の大人の象徴であり、神聖なものでもあり、装飾的なものでもあり、名誉に関わるものでもあり、同時に恐ろしいもの、不道徳なものとみなされることもあれば、テクノロジーの象徴として見られることもある。良いか悪いかは別にして、とにかく興味の尽きない対象である。

そんな武器・兵器については、これまでさまざまな本が書かれてきた。石器時代から二一世紀現在にいたる武器の歴史、あるいはそれに図や写真を豊富に加えた本も、すでに多く出版されている。だが、本書の目的は、それらと同じようにこれまで人類が用いてきた武器を時系列で並べていったり、あるいはカタログ的に陸海空軍の武器を紹介していったりすることではない。

本書で考えていきたいのは、武器とは何か、何が武器なのか、という根本的な問いである。究極的には、戦争とは何か、平和とは何か、という問いに向かっていきたいのだが、そうした問いはあまりに大き過ぎてここでは扱いきれない。そこで本書では、これまでどんなものが武器として用いられ、軍事に役立てられてきたのかという点に話を絞り、そのさまざまな具体例を見ていくことで、戦争や平和について考えるためのヒントを模索したいのである。

ここでポイントとなるのは、「武器」という概念の曖昧さである。一般に「武器」「兵器」というと、それが指しているものは明確で、例えば剣や銃や戦闘機などをイメージされるであろう。しかし、実際にはそうしたものだけでは戦争はできない。私たちはこれまで、平時も身近にあるさまざまな道具、さまざまな技術、さまざまな知識を用いて戦ってきた。「戦争を支えている物や技術」はいくらでもあり、いったいどこからどこまでが「武器」「兵器」のうちに入るのかは極めて曖昧なのである。

イギリス軍のカーペットレイヤー

例えば、第二次大戦中、イギリス軍は戦場にカーペットを敷くための兵器を作った。

それは戦車のボディに大きなアームを取り付け、その先に巨大なロール状のカーペットを装着して、自走しながらそれを地面に敷いていくというものであった。種類はいくつかあったようだが、基本的にはチャーチル歩兵戦車の派生モデルで、「チャーチル・カーペットレイヤー」「チャーチル・ボビン」、あるいは「チャーチル戦闘工兵車ボビン付きカーペットレイヤー」などと呼ばれた。ボビンというのは糸や布をまく筒のことである。

なぜそんな奇妙なものを作ったのかというと、砂浜など地面の柔らかい場所では戦車の履帯《りたい》や重い車両のタイヤが沈み込んで埋まってしまい、身動きが取れなくなることがあったからである。それを防止するために、地面に厚い布を敷いて「道」を用意することが求められたのだ。銃弾の飛び交う場所で生身の歩兵がロールカーペットを転がすわけにはいかないので、装甲の厚いチャーチル歩兵戦車を改造したというわけである。これは一九四四年のノルマンディ上陸作戦でも用いられ、その成功に貢献した。カーペットとそれを敷くための乗り物が、立派な「兵器」になったのである。

いわゆる武器・兵器のなかには、実はこうしたものも珍しくない。そして、あらためてまわりを見渡してみると、普段は武器とはみなされないけれども使い方によっては武器とみなされうるようなものも、たくさんありそうなことに気付く。

例えば、シャベルである。私の本棚には、ナチスと戦うゲリラ養成のために書かれた『赤軍ゲリラ・マニュアル』という本があり、そこには「白兵戦ではシャベルはすばらしい武器になる」と書かれている。同書によれば、「シャベルで敵の攻撃を防ぎ、敵の銃剣の突きをかわすことができる。シャベルの鋭い刃は、よく切れる恐ろしい武器になる。特に込み合った状況での戦闘で重宝する」[*10]というのである。

宗教改革の約一〇〇年前に「フス戦争」と呼ばれる出来事があった。その際に、軍事指導者ヤン・ジシュカは、貧しい農民たちに対して彼らが普段から使い慣れている農具を武器とする方法を教えた。ジシュカは脱穀で用いられる殻竿《からざお》を戦闘の道具にしようとしたのだが、その先端に鉄釘を打ち付けて殺傷力を高めるなど、若干の「改良」も指導したのであった。このような例は他にいくらでもある。

はしごと鉄条網

古代から、はしごも敵側の壁や柵や壕《ごう》を乗り越える道具として、戦闘に不可欠な道具であった。中世ヨーロッパの攻城戦では、城壁にはしごをかけ、弓兵《きゅうへい》や投石兵の援護射撃を受けながらそれによじ登って城内に入り、その後内側から城門を開いて味方の軍隊を突入させるという戦術がとられた。なかには一つのはしごの上に小さなはしごを連結して長さを自在に調整できるようにしたり、複数のはしごをぴったりとつなげられるよう留め金を付けたりして、分解や組み立てを迅速におこなえるよう工夫をこらしたものもあった。はしごがなければ、敵の城を攻めることはできなかったのである。[*11] 日本の赤穂《あこう》浪士たちも吉良《きら》邸討ち入りの際には、槍や刀だけでなく、大小四つの竹製はしごを用いたと伝えられている。

二〇世紀に入って以降は、鉄条網も軍隊になくてはならないものになっている。鉄条網が発明されたのは一九世紀後半のことで、当初は牧場などを囲むための安価で設置しやすい柵として使われていた。家畜や野生動物、あるいは家畜泥棒などがそこを越えないようにするために有効だったのだ。だが一九世紀末から戦場でも使われるようになり、第一次大戦では塹壕《ざんごう》陣地を守る道具として、機関銃にも劣らぬ重要性をもつものとなった。第二次大戦以降も、軍の施設や捕虜収容所など、さまざまな場所でそれが用いられて現在にいたっている。銃剣や軍用ナイフには、鞘と組み合わせて用いるワイヤーカッターの機能を持ったものがあるが、それは軍隊や戦場には鉄条網が付き物だからである。

シャベルや、はしごや、鉄条網は、決して武器として生み出されたものではない。だが、それらも現に、敵を倒すために必要な道具として用いられてきた。では、結局私たちは、どのような基準でもってそれぞれのモノが「武器」であるか否かの判断をすればいいのだろうか。使用目的、使用方法、開発意図、あるいは使用される環境、使用する者の属性など、さまざまな観点がありうる。だが、結局いずれにおいても武器か否かの境界線は明確にならな

---

*10 レスター・グラウ、マイケル・グレス（黒塚江美訳）『赤軍ゲリラ・マニュアル』原書房、二〇一二年、一九八頁。

*11 アルド・A・セッティア（白幡俊輔訳）『戦場の中世史——中世ヨーロッパの戦争観』八坂書房、二〇一九年、二〇八〜二一三頁。

い。考えようによっては、どんな物でも武器になってしまう。

ヘルメット、腕時計

問題は「武器」概念の曖昧さというよりは、ある物や技術が戦争という特定の営みに対してどのくらい関連しているか、どのくらい貢献しているか、という評価の仕方であるとも言えるかもしれない。

ライフル銃が戦争に貢献する「武器」であることを疑う人はまずいないが、では、その銃に装着することができる光学照準器（スコープ）は「武器」なのだろうか。狙撃手は、銃や照準器以外にも、無線機、腕時計、方位磁石なども携帯する。なぜなら、狙撃に必要だからである。ということは、それらの道具も「間接的」には敵の戦力低下を目的として使われる道具だということになるのだろうか。狙撃手とペアで活動する観測手（スポッター）が使う地上望遠鏡も、距離計も、明らかに狙撃という活動を支えている。さらにあげるなら、彼らが身につけている迷彩服、ギリースーツ、ブーツ、帽子もそうだし、グローブ、サングラスなどもあげることができる。盾や鎧が「武器」であるならば、迷彩服やヘルメットも「武器」であろう。

だが戦闘を「間接的」に支える物を全て挙げようとすればきりがなく、最終的には基地で使われている机、椅子、便器やトイレットペーパーまであげることになってしまう。こうした話はナンセンスに思われるかもしれないが、実際問題として、「戦闘」は直接的に相手を殺傷する道具だけではおこなえない。その他にもさまざまな日用品を必要とするということは、極めて当たり前のことではあるが無視できない点である。

吉田裕の『日本の軍隊――兵士たちの近代史』によれば、日本軍では、一九〇〇年の北清事変の段階ですでに下士官クラスまで腕時計をしていたという。それらは商品として市販されていたものではなく、普通の懐中時計を各自が携帯しやすいように改造したもののようだが、それはつまり軍事活動に時計が必要だったからに他ならない。吉田によれば、一九三六年の入営の時点で時計を所持していたのは全体の三六%だったものの、その翌年の一九三七年、日中戦争が始まってから編成されたある歩兵連隊ではすでに全員が時計をもっており、一九四〇年には陸海軍の要請で精工舎が兵士用の「九型腕時計」の生産を開始している。[*12] 腕時計は、軍事活動に必要な装備品と認識されたわけである。

---

*12　吉田裕『日本の軍隊――兵士たちの近代史』岩波新書、二〇〇二年、二〇～二二頁。ちなみに、日本が太陰太陽暦からグレゴリオ暦に切り替えたのは一八七二年の末で、ほぼ同時期に徴兵令も発布された。軍隊は日本人に一日は二四時間で一時間は六〇分という西洋流の時間感覚を身につけさせる場にもなった。

音楽、映画、ボールペン

昔の戦場では、太鼓やラッパは音楽を奏でるためだけでなく、兵士たちに現場で指示を出すため、つまり通信・伝達のためにも不可欠な道具であった。昔も今も各国の軍隊には音楽隊があり、楽器演奏を専門とする軍人がいるが、彼らの演奏する音楽が戦闘員の士気を高めたり、あるいは国民の支持をとりつけたりする効果をもっているとするならば、トランペットやクラリネットも「軍隊の活動を支える道具」ということになりうる。

戦争ではプロパガンダも重要だといわれるが、そうであるならば、ポスターや映画など、美術家の創作物も、間接的には戦争の道具であろう。戦争に関連する映画といえば、レニ・リーフェンシュタールによるナチス党大会の記録映画『意志の勝利』が有名である。だが、第二次大戦中は、実はアメリカ陸軍航空隊にも訓練映画やプロパガンダ映画の制作を専門とする「第一映画部隊」があった。後に大統領になるロナルド・レーガンもかつてそこに配属されていたことがあり、役者として出演もしていたのである。ではレーガンたちの映像作品も、軍が主体となって軍事的勝利を目的に作られたものである以上、広い意味では「武器」の範疇に含まれるのだろうか。

軍隊では、机に向かって歴史、戦略、あるいは語学、地理、物理学、化学などを勉強することもある。装備品や補給物資を管理したり、給与の支払いを計算したりといった事務作業も行われている。だとすると、要するに文房具も必要であり、究極的には「紙とペン」も軍隊の維持や活動に不可欠な道具だという話にもなる。

さすがに筆記具まで軍事と結びつけるのは強引だと思われるかもしれないが、「ボールペン」を二〇世紀中頃にイギリス空軍の活動に関わった意外な道具としてあげることもできる。現代のボールペンの原型となるものの特許が取得されたのは一九三八年であり、それが一般にも普及し始めたのは、第二次大戦が終わった後、一九四五年以降のことである。しかしイギリスは四〇年代に入ると国内でそれをいち早くライセンス生産し、三万本を空軍に支給したとされている。航空機搭乗員は機内でさまざまな計算をしたり、地図などに書き込みをしたり、通信その他でメモをしたりすることがあるが、万年筆は上空では気圧の変化でインクが漏れることが多く、鉛筆も削る必要があったり折れやすかったりして不便だった。そこでこの新しい筆記具が活躍したというのである。この話は若干誇張されて伝えられている可能性もあるが、とにかく第二次大戦中のイギリス空軍で一般社会よりもひと足早くボールペンが支給・使用されたのならば、これもまた、当時の軍事行動を支えた技術の一つだったと言い張ることもできてしまうかもしれない。[*13]

どんなものでも武器と認識できる

ボールペンは少し特殊な例だったかもしれないが、では、古くから築城や弾道計算をはじめとする軍事のさまざまな面で用いられてきた数学、幾何学、物理学などの学問はどうだろうか。数学者のアラン・チューリングたちがその能力を駆使してドイツ軍の暗号機エニグマを破って、イギリスの勝利に貢献したこともよく知られている。[*14] こうした例も鑑みると、武器には無形のものがあることも認めなければならないかもしれない。サイモン・シンは『暗号解読』で、第一次大戦では毒ガスが使われ、第二次大戦では核兵器が使われたことを念頭に、第一次大戦は「化学者の戦争」であり、第二次大戦は「物理学者の戦争」だったが、もし第三次大戦が起こるとすればそれは「数学者の戦争」になるだろうと述べている。[*15] なぜならば、彼によると次の戦争で兵器となるのは「情報」であって、情報を支配するのは究極的には数学者だからである。

さて、このように、考えようによっては結局どんなものでも武器と認識できてしまいそうだ。もし武器と武器ではないものとのあいだの境界線が必ずしもはっきりしていないのであれば、「戦争」や「軍事」という概念そのものも、実はけっこう曖昧なものであることになるだろう。だとすると、それらと対置される「平和」という概念も、実はわりとぼんやりしたものであることを認めざるをえなくなるかもしれない。

本書では、「戦争」「軍事」「平和」といったものについて根本的に考え直していくための一つの取っ掛かりとして、あえて広い意味で「武器」を捉えていってみたい。最終的には、そもそも「文化」とは何か、というような問いに行き着くかもしれず、やや大風呂敷というか、私の手に余る試みかもしれないが、なるべく具体的な例を多くあげていくので、今後の議論のささやかな足がかりになることができれば幸いである。

＊13　アーネスト・ヴォルクマン（茂木健訳）『戦争の科学――古代投石機からハイテク・軍事革命にいたる兵器と戦争の歴史』主婦の友社、二〇〇三年、一九九頁。The Cheap Pen that Changed Writing Forever (https://www.bbc.com/future/article/20201028-history-of-the-ballpoint-pen)（二〇二一年一月二五日閲覧）The Inventor Behind the Modern Ballpoint Pen (https://www.pens.com/blog/the-inventor-behind-the-modern-ballpoint-pen/)（二〇二一年一月二五日閲覧）

ちなみに、現在は「タクティカルペン」というものも販売されている。それはいちおう普通のボールペンとして使えるのだが、アルミ合金などで頑丈に作られていて、一方の端が尖った形状をしており、人の急所を突いたりできる護身用の武器として使えるデザインになっているのである。スミス&ウェッソンやベレッタなどの銃器メーカー、あるいはナイフメーカーなどから販売されており、日本でも簡単に手に入る。警官から職務質問を受けた際にポケットからそれが出てくれば「武器を携帯している」と認識されるのではないだろうか。

＊14　サイモン・シン（青木薫訳）『暗号解読』（上）新潮文庫、二〇〇七年、二五八～三四〇頁を参照。

＊15　同書、一五頁。

「武器」「兵器」という日本語

では、本論に入る前に、簡単に言葉の確認をしておきたい。日本語では「武器」「兵器」と二つの言葉があるが、これらはどう使い分けられているのだろうか。もっぱら軍用に製造・使用されるものを「兵器」と言い、そうでないものを「武器」であると説明している文献が複数ある。現代の日本語では、確かにそのように使い分けられる傾向はあるのだが、必ずしもそうした基準が厳密に守られているとも言い切れない。例えば、一九六〇年代と七〇年代はいわゆる「武器輸出三原則」が議論されたが、そこで「武器」という言葉で想定されているのは明らかに軍用のものである。当時の三木武夫総理大臣は「武器」を「直接人を殺傷し、又は武力闘争の手段として物を破壊することを目的とする機械、器具、装置等」であるとする自衛隊法の定義を踏襲しており、特に武器と兵器の区別はしていない。私たちの普段の日本語表現でも、例えばライフルを手にした兵士を指す場合、「兵器を持った兵士」と言うよりも「武器を持った兵士」と表現する方が自然であるように感じられる。

一般的には、「武器」という場合は、太古の石器などから始まり、剣や槍、あるいは拳銃やライフルなど、個人が手に持って使用できる比較的シンプルな構造の道具を指す。それに対して、「兵器」という場合は、戦車や爆撃機、あるいは爆弾やミサイルなど、組織的に運用する複雑な構造の機械やシステムに対して用いられる傾向も見られる。『日本大百科全書』はそれに近い見方に立っており、「武器」という場合は「一般には近代兵器出現以前の器具をさす」と解説している。

一方、多くの人が参照する『広辞苑(第六版)』によると、「武器」は「戦争に用いる諸種の器具。甲冑・刀槍・弓矢・鉄砲の類。兵器」とされている。そして「兵器」は、「戦闘の際、攻撃および防御に用いる器材の総称。武器」と解説されている。つまり、この辞書では両者に大きな違いは指摘されておらず、殺傷のための道具だけに限定されているわけでもない。『ブリタニカ国際大百科事典』では、「兵器」は狭い意味では「殺傷破壊力をもつ軍用の器具」のことで、広い意味では「重要な軍用の器具装置類の総称」であるとしたうえで、前者を「武器という場合もある」としている。

戦争や軍事の研究者によって日本語で書かれ、あるいは翻訳されている書物のタイトルを見ても、『武器史概説』(斎藤利生)、『武器の歴史大図鑑』(R・ホームズ)、『兵器の歴史』(加藤朗)、『兵器と戦術の世界史』(金子常規)など、あげればきりがないが、結局「武器」「兵器」のどちらもあるのが現状だ。確かに二つの言葉のあいだに違いを指摘する議論はあるものの、実際の使い分けは今も曖昧であり、そのことで重大な混乱がおきているわけでもない。*16

武器の定義について

実は、漢字の意味としては、「武」「兵」「器」は、それぞれその一文字だけでも武器や兵器の意味をもつ。「兵」を用いた言葉は多く、例えば、白兵戦という言葉があるが、「白兵」とは白く光る武器、すなわち刀や槍などの刃物のことである。兵庫県の「兵庫」も、本来は武器をおさめる倉庫のことである。武器を意味する「兵」に他の漢字が加えられた「兵甲」「兵杖」「兵革」「兵具」なども、つまりは武器を意味する言葉であった。

「武」は見て分かる通り、「戈《ほこ》」と「止」から成る。「戈」は矛の象形で、「止」は止まるという意味もあるが、それは足の象形でもあるので、つまりは戈を持って戦いに行くことを意味する。武器の「器」は「㗊（しゅう・多くの容器）」と、「犬（生贄の犬、もしくは見張りの犬）」から成り、つまりは祭りや宗教儀礼で用いられる容器のことだったが、やがて一般にうつわ、道具を意味するようになり、その一字で武器を指すこともあった。器と同様にキと読む漢字に「機」があるが、「機」はそれ一字では武器の意味はもたない。現在も銃や大砲などを「火器」というのは、「火（火薬）」を用いた「器（武器）」だからである。

また、今でも国語辞典には「軍器」という言葉が載っている。それは文字通り軍用の器具という意味で、つまり武器や兵器を意味する。「道具」という言葉も、『日本語大辞典』や『広辞苑』によれば、その一語だけで刀や槍や鉄砲など武器を意味することもあるとされている。

このように、現在の日本語では主に「武器」「兵器」の二つが使われているが、以前は他にもさまざまな言葉があった。「武器」は原始的なものから複雑な構造のものまで幅広くカバーし、「兵器」の方は軍用のもの、あるいは近代以降のものを指す言葉として使われることが多いものの、必ずしも厳密に使い分けられているわけでもない。語源や用例をさらに細かく研究していけば、使い分けについて何かしらの基準を示すことはできるかもしれないが、それを明らかにすること自体は本書の目的ではなく、現在のような曖昧な使われ方のままでもさしあたり大きな問題はない。よって、本書の以下では厳密な区別については保留にし、現代の日本語として一般に自然だと考えられる程度にこの二つの言葉を使い分けるか、あるいは併記して用いていくことにしたい。

斎藤利生は『武器史概説』のなかで、さまざまな歴史や語源、自衛隊法などを検討したう

＊16　加藤朗は『兵器の歴史』（芙蓉書房出版、二〇〇八年）で、「武器」と「兵器」を「明確に区別」すべきだとしている。加藤の提案は、使用・運用する主体が個人であるか軍隊であるかによって分けようとするものであり、例えば「銃」は軍人ではない個人が用いれば「武器」であり、「軍隊が銃を持つ時」は「兵器」になると述べている（一六～一七頁）。その上で彼は、「兵器の発展」は「武器が兵器としてシステム化される過程」であり、またテロなどを念頭に、現在は「兵器の武器化」が起きているとも述べている。ここでは、そうした議論もあることを紹介するにとどめておく。

えで、時代や国が異なっても通用する「武器」（ないし「兵器」）の定義として次のようなものを提示した。すなわち、武器とは「敵の保有する戦力を低下させる為何等かの効果を期待しうるもの、およびその効果を有効に発揮させるために使われる補助的道具の総称」であり、簡潔に言い直すと「直接、間接に敵の戦力低下を目的として使われる道具」であるとしたのである。[*17]

本書は武器という概念の曖昧さに注目するものであるが、とりあえずは斎藤のこの定義を念頭において、具体的なものを見ていくことにしよう。

＊17　斎藤利生『武器史概説』学献社、一九八七年、七頁。

第1章

動物、健康、保存食

生きている武器たち

武器・兵器としての動物

一般に「武器」「兵器」というと、多くの人は、弓矢、剣、機関銃、戦車、ミサイルなどを連想するだろう。だが、武器・兵器という問題を柔軟に考えていくために、あえて少し違うものから話を始めてみたいと思う。それは、生きている動物だ。動物は、大昔から立派な「戦争の道具」だったからである。

「火牛《かぎゅう》の計」という言葉もあるように、古代中国では牛の角に鋭い刃物を取り付け、さらに尾に葦をくくりつけてそれに火をつけて、パニックになった牛に敵陣へ向けて突進させるという戦法がとられた。地域によっては、ラクダの背に油を染み込ませた藁束や布を載せ、戦闘の最中にそれに火をつけて敵に突っ込ませて隊列を撹乱させるということもなされた。一四世紀のドイツの技術者コンラート・キーザーの軍事技術図画集『ベリフォルティス』にも、火の付いたものを背負わされて走る馬の絵がある。動物に火をつけて敵に向けて放つというのは、人類史において長いあいだ広い地域で用いられた定番の戦法・武器だったのだ。

旧約聖書の「出エジプト記」には、神が動物を使って敵を攻撃する様子が描かれている。神はモーセを支援するために、エジプトのファラオに対して大量のカエル、ブヨ、アブ、イナゴを使って攻撃をした（七〜一〇章）。「士師記《しし き》」の一五章では、サムソンがジャッカルを三〇〇匹も捉えてきてその尾と尾を結び、その二つの尾の真ん中に燃える松明《たいまつ》をつけてペリシテ人の麦畑やぶどう畑などに放ち、すべてを焼き尽くしたというエピソードが書かれている。「マカバイ記」では、戦場で活躍する象についての記述が何度も出てくる。そこに出てくる戦闘用の象には、防具が着せられたり、背に櫓《やぐら》を載せて兵士が乗り込んでいたりしたようである。同じ戦場では、当然ながら馬（チャリオット）も走り回っている。旧約聖書の世界でも、動物を軍事利用するのは当たり前であった。

毒へビ、ウイルス、ハト

古代の投石機が飛ばしたのも、重い石だけではない。人々は石の代わりに、素焼きの壺に毒へビなどをつめて飛ばしたこともあった。敵の兵士たちは突然降ってきた何十何百という毒蛇に驚き逃げ惑った。また、疫病で死んだ人間を同じく投石機で敵陣に投げ込んだり、あるいは敵の井戸に放り込んだりするといったこともなされた。細菌やウイルスの知識がない時代でも、経験的にその効果はわかっていたのである。

一八世紀後半の北アメリカを舞台にした戦争では、イギリス軍は天然痘ウイルスで汚染した毛布を先住民に贈って彼らを殲滅しようとしたこともよく知られている。*1 イギリス軍は第一次大戦時も、害虫のコロラドハムシを飛行機からドイツ領内に大量にまいて、ジャガイモの生産に打撃を与えるというプランも考えていた。*2 日本軍の七三一部隊が組織的に人体実験を繰り返したことも周知の通りである。彼らはノモンハン事件（一九三九年）の際にソ連軍が水源としていた川に大量に培養した腸チフス菌を流したり、一九四〇年には中国の都市にペストに感染させたノミを詰めた陶器を飛行機から投下するなどもしている。[*3] 人類は大昔から、さまざまな生物を敵を攻撃するのに用いてきたのである。

その一方で、人々は動物をうまく利用して防御にも用いてきた。人が近寄ると大きな声をあげるガチョウの群れは、二〇世紀の戦争でも高性能な警報機として用いられた。羊の群れを歩かせて地雷除去がなされたこともある。平和の象徴であるハトも、信頼性の高い通信手段であり、二〇世紀半ばまで広く各国で軍事利用された。敵の通信用ハトを攻撃するためにタカが調教されたこともある。日本陸軍は、一九一九年にフランスからハト一〇〇〇羽と調

＊1　井上尚英『生物兵器と化学兵器——種類・威力・防御法』中公新書、二〇〇三年、一二九〜一三一頁。イギリス軍がそのような方法で天然痘ウイルスによる先住民の大量殺戮を図ったことは事実だが、実際の天然痘の感染はそれ以前からすでに見られていたので、感染拡大はイギリス軍のそれが唯一の原因というわけではないとも考えられている。

＊2　田中利幸『空の戦争史』講談社現代新書、二〇〇八年、四〇〜四一頁。

＊3　七三一部隊に関する文献はすでに多くある。常石敬一『七三一部隊——生物兵器犯罪の真実』（講談社現代新書、一九九五年）など。さしあたりは、井上尚英の前掲書、一三一〜一三六頁などを参照。

教師三名を招き、一九三三年以降はハトの育成所も設置している。[*4]

日本の昔話の「桃太郎」は、犬、サル、キジを家来として連れて鬼退治に出かけていくという話であり、いかにも子供向けの設定に見えるが、動物を連れて戦いに行くこと自体は、人類史的には普通のことであった。むしろ、軍隊から人間以外の動物がほとんどいなくなっている現代の方が、歴史全体からすれば珍しいのである。

戦場の犬たち

すでに紀元前一三世紀のアッシリア帝国の彫刻にも軍用犬が描かれているようで、犬の軍事利用の歴史はとても古い。古代ローマ、皇帝アウグストゥスの軍隊にも訓練された大型犬がいて、逃亡した奴隷を追わせたり暴動の鎮圧に用いたりしていた。そうした犬の訓練や世話を専門におこなう要員もいたようである。[*5] 大プリニウス（二三〜七九年）も戦場で活躍する犬について触れており、また四世紀の軍事学者で「平和を欲するならば戦争に備えよ」という言葉で知られるウェゲティウスもその著書で犬による警備について触れている。十字軍の時代の聖ヨハネ騎士団も、前線基地の守備に犬を用いたようだ。訓練しやすい動物である犬は、警備だけでなく攻撃にも利用された。攻撃用に訓練した犬にはスパイクや刃を植えつけた革製の鎧《よろい》が着せられたこともあった。尖った鋲《びょう》を何本も取り付けた首輪も、シンプルながら効果的だったようだ。

一口に「犬」といってもいろいろな犬種があり、これまでどの犬種が軍用犬に適しているか、さまざまな検討がなされてきた。古代から二〇世紀半ばにかけては、マスティフという大型犬がよく使われたようだが、現在ではジャーマンシェパード、ダッチシェパード、ドーベルマン、ロットワイラーなどが主のようである。特殊な探知犬として、ラブラドールレトリバーやスパニエル種が用いられることも多い。

エリザベス一世の時代の英国でも、ナポレオンの時代のフランスでも、軍用犬が使用されていたことが確認できる。一九世紀には組織的に軍用犬の訓練がなされるようになり、犬が持っている能力とその活用方法についても詳細な研究がなされるようになっていった。第一次大戦では、ドイツ軍は約三万頭、フランス軍は約二万頭、イタリア軍も約三〇〇〇頭の犬を使ったと推定されている。[*6] 第二次大戦はもちろん、その後のベトナム戦争でも、湾岸戦争

＊4　エルメル・フェルトカンプ「英雄となった犬たち——軍用犬慰霊と動物供養の変容」（菅豊編『人と動物の日本史3　動物と現代社会』吉川弘文館、二〇〇九年）五二頁。
＊5　ナイジェル・オールソップ（河野肇訳）『世界の軍用犬の物語』エクスナレッジ、二〇一三年、二六〜二七頁。
＊6　同書、三〇頁。

でも、罠や地雷を探知するためなどに多くの軍用犬が活躍して現在にいたっている。現在の軍用犬には、活動する環境に合わせて、防弾チョッキ、ゴム靴、目を保護するゴーグルなどを着用させたり、通信機器やビデオカメラを背負わせたりすることもある。

さまざまな軍用犬

犬の応用範囲はとても広く、一口に軍用犬といってもさまざまな役割がある。ナイジェル・オールソップやマルタン・モネスティエによる分類を総合すると、攻撃犬、歩哨《はしょう》犬、偵察犬、伝令犬、地雷探知犬、衛生犬、輸送犬、電信犬、牽引犬などに分けることができる。*7 古代はマスティフなどの大型犬にスパイクや刃物を取り付けた鎧を着せて敵陣に突入させたり、敵の馬を襲わせたりしたが、近代以降はそうした犬の使い方はほとんど見られない。歩哨犬は警戒心が強く、主人に忠実で、容易に餌などにはつられない。歩哨犬を連れた歩哨は兵士二人分に相当するとも言われ、孤独な兵士の精神的な慰めにもなった。偵察犬はパトロールの際に待ち伏せなどがないかを注意して、斥候《せっこう》に危険を知らせるのが任務であり、地雷探知犬は地雷を発見するためのもので、特に第二次大戦時から養成されるようになった。いわゆる地雷だけでなく、その他の危険な罠、あるいは麻薬など、さまざまな物を探知するのに犬は現在も大きな役割を担っている。衛生犬は戦場で行方不明になった負傷兵を探すよう訓練されたものであり、災害救助にも使用されている。

犬ぞりは輸送手段として何千年も使われてきたもので、もちろん戦争でも輸送に利用された。一九世紀末のドイツでは、特別な荷鞍《にぐら》をつけた犬たちに、前線へ弾薬を運ばせる試みもなされたが、さらに二〇世紀初頭のベルギー軍は、力の強い犬に機関銃を引かせた。当時の機関銃はまだ大きくて重たいものだったが、機関銃を車輪付き銃架に載せたまま犬に引かせれば、移動の際にいちいち分解や組み立てをする必要がなくて便利だった。犬ならば細い道も通ることができるので、分解して馬の背に載せて運ぶより機動性が高かったようである。また、そもそも馬より犬の方が値段もはるかに安く、エサ代も低く押さえられるという経済的な利点も大きかった。

伝令犬というのは書類を運ぶために部隊と後方を往復するよう訓練されたもので、電信犬というのは電線のリールを背負って砲弾の飛び交う戦場を走り抜け、寸断された通信網を復旧するための犬である。このように、さまざまな役割をこなす貴重な犬たちのために、第二次大戦時は犬用のガスマスクも開発されたのであった。

＊7 マルタン・モネスティエ（吉田春美、花輪照子訳）『動物兵士全書』原書房、一九九八年、八一～九一頁。オールソップ、前掲書、四四～五五頁。

地雷犬、パラシュート犬

アメリカも一九三五〜四五年にかけて軍用犬の訓練センターを多く作り、四万頭近い軍用犬を養成した。その犬たちは太平洋の島々にも派遣され、多くの日本兵を悩ませたようである。[*8] 日本軍は日露戦争（一九〇四〜一九〇五年）から犬を用いており、一九一九年に千葉の陸軍歩兵学校に軍用犬班を設立させたあたりから、訓練や飼育に関する本格的な研究と教育を始めたようである。太平洋戦争が終わるまで多くの軍用犬が用いられ、靖国神社には軍馬の慰霊像と並んで、「軍犬慰霊像」もある。満州事変以降は軍用犬にまつわるさまざまな「美談」も作られ、小学生の教科書にもそうした話が掲載されるようになって子供たちの教育にも利用された。軍用犬の出征時には、人間の兵士に劣らぬほど盛大な壮行会も行われたのである。[*9]

第二次大戦時にソ連軍は、犬の背に地雷をくくりつけ、ドイツ軍の戦車の下にもぐって自爆するよう訓練をした。「対戦車犬」「地雷犬」などと呼ばれたものである。それを知った現場のドイツ兵は犬を見てパニックになったというが、彼らが機関銃や火炎放射器などで必死に対抗すると、今度はその地雷を背負った犬が逃げ帰ってきて、逆にソ連軍側がパニックになったなどという話もある。この対戦車犬によって約三〇〇のドイツ軍戦車が破壊されたと記している本もあるが、公式の記録は確認できず、正確な戦果はよくわからない。

ベトナム戦争では、アメリカ兵はゲリラ兵のさまざまなトラップに悩まされた。巧妙に擬装された落とし穴の下に尖った竹を並べたものや、足で踏むと前方から鋭く長い釘の並んだ板が跳ね上がって来て全身を突き刺すものや、地面や木の上などにわかりにくく設置された地雷や手榴弾など、いろいろな仕掛けがあった。それらは人の目では発見が難しく、多くのアメリカ兵が犠牲になったため、そうしたトラップを発見させようとアメリカ軍は犬の利用を試みたのである。犬は地下のトンネルに潜むベトコンを狩り出すためにも用いられたし、その他の捜索、斥候、警備、そして一部では戦闘にも用いられた。当時のアメリカ軍は、ベトナムの気候に少しでも近い沖縄で犬たちの訓練をしてから彼らを戦地に派遣したようである。[*10] その戦争でアメリカ軍が投入した軍用犬の数は合計で約四九〇〇頭にも達したが、戦争が終わるとその大半は現地で安楽死させられたのだった。[*11]

モネスティエは、犬の軍事史上画期的な出来事として、インドシナ戦争で犬による最初の

＊8　モネスティエ、前掲書、九八〜一〇〇頁。
＊9　フェルトカンプ、前掲書、五六〜六〇頁。
＊10　モネスティエ、前掲書、一一四〜一一五頁。
＊11　オールソップ、前掲書、一〇九頁。

パラシュート部隊が作られたことをあげている。人間と同様に、少しずつ高さに慣れさせていき、装備品にも工夫が凝らされた。実際の降下では、犬は高度約四〇〇メートルで飛行機の外に放り出され、自動索でパラシュートが開かれると四本の足でうまく着地することができたという。またオールソップによれば、イギリスの特殊空挺部隊では、高度七〇〇〇メートル上空から軍用犬にも酸素マスクを装着させて空挺隊員とともに降下する訓練が行われている。そうした犬たちはイラクやアフガニスタンなどで敵のアジトを探索することが期待され、身体にとりつけた小さなビデオカメラによって状況をリアルタイムで伝えることができるようにもされている。[*12]

このように、犬は紀元前から軍用に用いられて現在にいたっており、その用途は攻撃から防御まで実に多様である。良いか悪いかは別にして、古代から現代まで犬も戦争の道具だったのだ。序章の最後で紹介した斎藤利生による「武器」の定義は、明らかに犬にも該当するわけである。

戦争を支えてきた馬

動物のなかで、最も広範囲にわたり、また長期にわたって軍事利用されてきたのは、やはり馬である。移動や運搬の道具として、馬ほど便利なものはなかった。

人類がいつごろから馬に乗ったり荷物を運ばせたりしていたのかについては諸説あり、地域によっても大きく異なるようだが、さしあたりは紀元前四〇〇〇年ごろには馬を家畜化していたと考えてよさそうである。その頃の遺跡から出てきた多くの馬の骨を調査したところ、それらの歯に轡《くつわ》によって出来る特有の摩耗の痕跡が確認されているというのが根拠である。人は馬に車輪を引かせるよりも前から、騎乗して動き回っていたのではないかとも推測されている。馬に乗るようになれば、人間の行動範囲は二倍にも三倍にもなる。行動範囲が広くなれば、新しい資源を見つける機会が増加したであろうし、別の集団と接触する機会も増え、争いも生まれ、結果的に社会形成にも大きな影響をおよぼしたであろう。鞍《くら》、鐙《あぶみ》、轡などの馬具も改良されるようになって馬の利用がさらに広がったことは、人類史においてはかなり大きな出来事だったと思われる。

馬に引かせる二輪車を「チャリオット」といい、それは古代戦車、戦闘馬車とも訳される。その最も古いものは紀元前三〇〇〇年のメソポタミアにあったと言われており、御者と射手の二人で乗るものと、一人乗りのものとがあったようだ。同様のものは紀元前二〇〇〇年頃に西アジアのアーリア系諸族のあいだで発展し、紀元前一五〇〇年頃にはエジプトでも用い

---

*12　同書、六〇頁。

られるようになった。

旧約聖書の「出エジプト記」には、モーセが海を割ってエジプト軍から逃げる有名なシーンがある。その際にモーセたちを追いかけてきたエジプト軍のなかには、騎兵のみならず多くのチャリオットもあり(一四章)、映画『十戒』でもその通りに描かれている。また「列王記(上)」では、ダビデの息子ソロモンが「戦車用の馬の厩舎四万と騎兵一万二千を持っていた」(五章六節)と書かれている。栄華を極めたソロモンも、軍事において馬を大変重視していたのである。

自動車の軍事利用はここ約一〇〇年程度の話だが、馬の軍事利用はその五〇倍、五〇〇〇年以上もの歴史がある。これまで人類の戦争・軍事を支えてきたのは馬だったといっても過言ではない。

第二次大戦時、八〇〇万頭の軍馬

ただし、一口に「馬」といっても、品種により体格や能力はかなり異なる。馬だったら何でもいいという話ではなかった。日本では一八八七年から軍馬育成所が設置され、日清戦争時も大量の国内馬が徴発されて戦地に送られたが、すぐに在来馬の体格や性質は軍馬にあまりふさわしくないことがわかってきた。軍馬の能力は戦時の作戦行動に大きな影響を与えるため、日本陸軍は日露戦争前から馬匹《ばひつ》改良を喫緊の課題とするようになったのである。そうしたなかで、馬の速度力量を比較して馬匹改良に資する一つの手段として、「競馬」も有効だと考えられるようになった。賭博はすでに明治一三年公布の旧刑法でも禁止されていたが、馬券購入は偶然に頼る他の賭博とは異なり、馬に関する知識を蓄積することで的中するものであると主張され、結局政府はそれを黙許したというプロセスもあった。もちろんそこには他にも「娯楽」の提供や「財源」の確保など、さまざまな狙いや背景もあったようだが、かつては陸軍と競馬との間にも意外なつながりがあったのである。[*13]

二〇世紀でも多くの馬が戦争に用いられたが、興味深いのは、時代が進むにつれて用いられる軍馬の数は減っていったのではなく、むしろ増えていったことである。トラック、戦車、航空機、潜水艦、ロケットエンジンまで用いられた第二次大戦の時代になれば馬の利用は減りそうなものだが、そうではなかったのだ。大瀧真俊の『軍馬と農民』によると、軍馬の数は、日清戦争時は約六万頭、日露戦争時は約一七万頭、アジア太平洋戦争時は一九四一年の時点ですでに三四万頭に達していた。[*14] そのわけは、装備近代化の過程で、武器弾薬・兵糧など運

*13　軍馬と競馬の関係については、杉本竜「軍馬と競馬」（菅豊編『人と動物の日本史3 動物と現代社会』吉川弘文館、二〇〇九年、所収）を参照。
*14　大瀧真俊『軍馬と農民』京都大学学術出版会、二〇一三年、一三四～一三六頁。ただし、フェルトカンプ（前掲書、五一頁）によれば、日清戦争では一三万頭、日露戦争では四七万頭とされている。

搬すべき物資と兵員の数が激増したためである。また、戦場になると予想された場所は未舗装のため当時の自動車の走行には不向きで、燃料の十分な供給も見込めなかったため、馬はまだ大いに必要だったのである。

モネスティエによれば、ドイツ軍は一九四一年六月のソ連侵攻で約七五万頭の馬を用い、その戦争全体を通して徴募した馬の数は二七五万頭にのぼるとしている。だがソ連軍はそれよりも多く、荷物運搬用の馬も含めると三五〇万頭になる。結局この戦争で各国の旗のもとに集められた馬の総数を、モネスティエは八〇〇万頭にのぼると推定している。[*15] それらの馬は、怪我や食糧不足のため、戦争が終わるまでにほとんどが死んだか殺されたかした。第二次大戦における日本人の死者は軍民合わせて約三一〇万人とされているが、世界中で死んだ馬の合計はその倍以上だったわけである。

ちなみに、終戦の約五ヶ月前に硫黄島で戦死した陸軍将校の西竹一は、一九三二年のロサンゼルス・オリンピックにおける馬術（障害飛越）の金メダリストであった。彼は「バロン西」として当時のアメリカ人のあいだでもよく知られた人物だったようである。これまで馬術でメダルをとった日本人は、本書執筆時点ではこの西竹一のみである。

ロバ、牛、象

馬と似た動物であるロバやラバも、乗用、牽引、運搬などに古代から広い地域で用いられた。ロバやラバは足腰が丈夫で、粗食にも耐えられ、従順であることから軍隊では非常に重宝されたのである。人類が戦争で大砲を用いるようになって以降、常に問題になったのはその大きくて重たい武器を戦場まで運ぶ手段であった。それを背に載せたり引っ張ったりして必要な場所まで運ぶのに活躍したのが、馬やロバやラバである。第二次大戦でも、ドイツ、ソ連、イギリスは何千頭ものラバを使用した。敵に見つからないようにするため、よく鳴き声をあげるラバには声が出なくなるよう外科手術をすることもあったという。[*16]

ラクダも紀元前の記録から軍隊で利用されていたことが確認できる。最古の記録は紀元前五四六年の古代ペルシアの王キュロスの戦争におけるもので、ヒトコブラクダに乗った兵士たちが敵の騎兵を打ち破ったとされている。もちろんそれらは重い荷物も運ばされた。荷物を運ぶために、牛もまた古代から二〇世紀半ばまで、各地で利用されてきた。牛に弩砲《どほう》や大砲など重い武器を運ばせることはよくあったが、二〇世紀半ばの日本では、ゼロ戦をはじめ

＊15　モネスティエ、前掲書、三七七〜三七八頁。
＊16　同書、二一六頁。

とする最新鋭の戦闘機が工場から牛車で滑走路まで運ばれたという話も有名である。

象も紀元前から戦場で用いられており、その巨体とパワーによって戦闘でも重宝された。戦闘用象には敵の攻撃から身を守るために、厚い革や金属などで作った鎧を着せることもあった。その様子はさまざまな時代のいろいろな地域における絵や文章でも確認することができる。象の背に櫓を設置してそこから矢を射ったり槍で攻撃したりもしたようで、つまり象は戦車のようなものだったとイメージしてもいいかもしれない。戦闘用象は火器が普及した一六世紀には姿を消したようだが、重い荷物を運ばせる運搬の道具としては二〇世紀半ばまで用いられていた。

このように、動物を「武器」「兵器」の一つとして用いることは大昔からなされており、その具体例は枚挙にいとまがない。大砲をはじめとする強力な武器も、それを戦場に持っていくことができなければ意味がない。重たいそれらの武器は、馬やロバや牛や象など、さまざまな動物に運ばせることで初めて使用可能になったことを考えると、動物も実質的にはそれらの武器の一部だったと言ってもいいかもしれない。先ほども述べたように、軍隊から人間以外の動物がこれほど少なくなった現代の方が、人類史全体からすれば珍しいのである。ついに最近まで、すなわち私の祖父母の時代くらいまでは、動物の生態・繁殖に関する知識や調教の技術も「軍事」の一部だったのだ。

日本の陸軍省は一九三三年に、軍用動物の功労を顕彰する制度も設けている。上野動物園では、戦時中、空襲対策として猛獣を毒殺したり象を餓死させたりしたことはよく知られているが、そこは同時に軍用動物の表彰と慰霊の場としても用いられていたのである。[*17]

戦争に一番必要なのは「健康」

では次に、同じく動物である私たち自身、すなわち「人間」に目を向けてみよう。戦場で戦う兵士にとって、何よりもまず必要不可欠なものは何かというと、それは銃でも刀でもなくて、「健康」である。最も基本的な武器は、肉体だからである。

近代国家はこれまで国民の健康に気を遣ってきたが、それは必ずしも為政者の国民に対する愛情というわけではない。健康な国民の数はすなわち労働力であり軍事力だったのである。広い意味での「福祉」は、皮肉にも「戦争」「軍事」とつながっていたのであり、日本もその例外ではなかった。明治政府はいわゆる「富国強兵」をかかげたが、そのためには健康な国民と衛生的な社会が必要だった。特に伝染病は経済活動を麻痺させ、社会秩序を不安定にし、軍隊も脆弱にするため、国民一人ひとりの幸せのためのみならず、国家のためとしても

*17　フェルトカンプ、前掲書、六二頁。

対策が必要だったのである。そのため、さまざまな公衆衛生の指導がなされ、『尋常小学修身書』では健康であることは親や国に対する義務であるという訓導もなされた。[*18]

近代化を進めようとした日本が国民の体格や体力をも向上させようと考えたことそれ自体は悪いことではないが、その一環としての「運動会」も、軍事と無関係ではない。日本で最初の運動会は、一八七四年の海軍兵学寮における「競闘遊戯会」だと言われており、それから一〇年ほどで全国に広がっていった。しばらくのあいだ、各学校における「運動会」の内容はバラバラで、学校によっては「遠足」や「花見」と区別できないような部分もあったようである。だが、その一方で、明らかに「児童版の軍事演習」として浸透していった面があったことも指摘されている。日清戦争後は、運動会のなかで生徒たちが「露軍」や「皇軍」を演じるといったプログラムもあった。[*19]

一八八〇年代半ば以降の運動会の発展に大きな影響を与えたのは森有礼《ありのり》である。彼は文部大臣になる少し前に「身体ノ能力」論を発表し、そこで日本人の体格を欧米人のそれに匹敵するまで向上させることを目的に「兵式体操」を推奨した。それは直接的に軍務に活かすためではなかったようだが、森はそれによって子供たちのあいだに「従順ノ習慣」「相助ノ情」「威儀」を養成することができるとも考えていた。吉見俊哉によれば、兵式体操は「森が考える新しい国民の身体を養成していく政治技術にほかならなかった[*20]」のである。

兵士のための栄養と消毒

軍隊と「健康」の関係についてはさまざまな角度から論じることができるが、やはり病気の治療法や予防法の発見、そして新しい薬品の登場は大きな意味をもった。それらは兵士たち一人ひとりにとって大きな恩恵となったのである。

ビタミンCの欠乏によって引き起こされる「壊血病」という病気がある。これは大昔からある病気だが、特に注目されるようになったのは大航海時代に入ってからである。長期にわたって陸を離れて航海する船には、新鮮な食べ物がなかった。果物や野菜は腐りやすいため、積み込まれなかったのである。そのため多くの乗組員がビタミンCの欠乏に陥り、鼻や口から出血し、下痢や関節の痛みに苦しみ、歯も脱落して、衰弱して死んでいった。そうした恐ろしい壊血病の予防法・治療法を見出したうちの一人に、一八世紀半ばのイギリス海軍の軍医ジェームズ・リンドがいる。彼は壊血病患者を集めて臨床試験の手法を用い、オレンジと

＊18　新村拓『健康の社会史――養生、衛生から健康増進へ』法政大学出版局、二〇〇六年、二一五～二一九頁。
＊19　吉見俊哉「ネーションの儀礼としての運動会」(吉見他編著『運動会と日本近代』青弓社、一九九九年)一一～二〇頁。
＊20　同書、二三頁。

レモンを与えた兵士はほぼ完治することを証明した。柑橘《かんきつ》類が壊血病の特効薬になるということを発見したわけである。彼は他にも、病院船の採用や船内病室の換気、シラミ退治など、海上生活に関して多くの改革を行った。リンドの仕事は、水兵一人ひとりのレベルで見れば彼らの健康と労働環境を改善する人道的なものだったが、全体として見れば、海上軍事行動への貢献ということにもなるだろう。

古代のギリシア、ローマ、エジプトなどの軍隊にも、外科手術、食餌《しょくじ》療法、薬剤投与をおこなう者がいたようだが、詳細について確かなことはあまりよくわかっていない。その頃からすでに意外と高度な外科手術がなされていたと推測される形跡もあるものの、消毒に関する科学的な認識が普及したのはそれからずっと後のことである。手脚の切断手術をしても生き延びられる公算が高くなったのは、戦争でいうとボーア戦争（一八九九〜一九〇二年）の頃からではないかと考えられている。だが第一次大戦でも戦闘で傷を負えば壊疽《えそ》を起こすのは当たり前で、多くの兵士がわずかな傷を悪化させて苦しみ、死んでいった。傷口からの感染症による死亡者数は、銃弾や砲弾による直接の死亡者より多かったとも言われている。負傷した兵士たちの生存率が上昇したのは、消毒術が広まり、ペニシリンを始めとする抗生物質が普及してからである。一九四〇年代前半は、アメリカ、イギリス、そして日本も、国家や軍部が率先してペニシリン研究に多額の資金と人員を投入していた。

「痛み」を消すという夢

人は大昔から、さまざまな薬品を病気や怪我の治療に用いてきたが、長い間それらの多くは、医学や薬学というよりも、呪術やまじないのような面も強いものだった。だが、どうしても呪術的・プラセボ的なものでは対応できないものがある。それは実際の「痛み」だ。麻酔薬・鎮痛剤は、人類が最も古くから切実に求めてきた薬品であった。人類はアヘンを五〇〇〇年以上前から使っていたと考えられている。頭痛、腹痛、歯痛、そして戦闘による怪我など、さまざまな「痛み」から解放してくれる薬品を人は大昔から探してきたが、問題なのはその副作用や依存性であった。真に安全に「痛み」を除去することは、現在においても人類の夢である。

世界で初めて全身麻酔による手術を成功させたのは、一八〇四年、江戸時代の日本における華岡青洲《はなおかせいしゅう》である。彼は「通仙散」という麻酔薬を調合して、乳がん摘出の手術をおこなった。麻酔薬の研究の過程で、彼の実母と妻が自ら実験台になることを申し出たが、その結果、実母は亡くなり、妻は失明したとも言われており、成功までには壮絶なプロセスがあったようである。だが青洲は自らの医学の詳細を書き残すことはせず、また限られた弟子にしか教えず、彼らにも勝手に公開することを許さなかった。当時はもちろん西洋でも麻酔の研究がなされており、一八四四年に亜酸化窒素（笑気ガス）の麻酔による抜歯も行われ、その二年後、一八四六年にはエーテルを用いた麻酔手術が行われている。実際の普及にはそれからもう少し時間がかかったし、現在でも麻酔薬を扱うには一般的な医学だけでなく麻酔そのものに関する専門知識が必要だが、いちおうこの時代から人類は猛烈な痛みから解放されはじめたとみていいだろう。

佐藤健太郎の『世界史を変えた薬』によれば、一九世紀後半の南北戦争では、南軍だけで一〇〇〇万錠のアヘン錠剤と二〇〇〇万オンス（約五七トン）以上のアヘン剤製品が売られたという。そのため中毒者が続出して「兵隊病」とも呼ばれたらしい。アヘンに含まれるモルヒネは、現在では医療でも用いられている。第二次大戦時のアメリカ軍衛生兵は、小さなチューブの先に針が取り付けられている使い捨てのモルヒネ注射器をいくつも携行し、戦場で負傷して激痛に苦しむ兵士にすぐそれを投与することができた。麻酔や鎮痛剤が戦場の兵士たちにとって極めて大きな恩恵となったことは間違いない。

だが同時に、「精神的な苦痛」も和らげることを目的に、一部では覚醒剤が濫用されたこともある。モルヒネにさらに手を加えて作られて、今は代表的な麻薬として知られるのが「ヘロイン」だ。これはかつてドイツのバイエル社が誰でも買えるよう市販していたもので、ヘロインという商品名は、ギリシア語の「ヘロス」（英語の「ヒーロー」「ヒロイン」）に由来する。

日本でかつて多く流通した薬物としては、ヒロポンがよく知られている。日本軍を含む世界のいくつかの軍隊は、「眠気解消」「疲労回復」のためとしてパイロットなどにこうした何かしらの覚醒剤を支給していた。[*21] 軍隊と薬品・薬物とのあいだには、「医療」の範囲を超えた複雑な問題もあるようだが、とにかくそれらも軍事活動を支える重要な物品であることは確かである。

ヴォランタリズムとミリタリズム

野戦病院や軍事病院での医療・看護全般は、患者が回復すれば再び戦場に送り返すことを前提としてなされている。その倫理的なジレンマについてはここでは触れないが、薬学、医学、看護学は「軍事」と不可分なものであり、戦争を支える活動でもあったことは歴史をみれば認めざるをえない。

人道的で献身的なはずの看護が、戦争・軍事と結びつくことに矛盾を感じる人もいるかも

＊21　軍隊における覚醒剤の問題についてはさまざまな報告や研究があるが、太平洋戦争時の日本軍におけるそれについては、吉田裕『日本軍兵士――アジア・太平洋戦争の現実』中公新書、二〇一七年、一一七～一二四頁などを参照。

しれないが、ヴォランタリズムとミリタリズムは意外と親和性が高いのである。その古い例としては、十字軍の時代の聖ヨハネ騎士団が挙げられる。聖ヨハネ騎士団は、一一世紀後半にエルサレムに病院を建てて巡礼者の救護にあたったことに始まる。巡礼者の看護などの活動を始めて数十年後、第一回十字軍がエルサレムを占領するとそれは修道会組織となるが、彼らの救護活動は中世社会では珍しく身分階級にかかわらず一視同仁におこなわれたと伝えられており、この修道会が「ホスピターラー」とも呼ばれるわけはそうした献身的な活動にある。しかし、それからさらに数十年たつと、「慈善的活動の延長」として、本来の救護活動以外にも巡礼路の警備など軍事的活動もおこなうようになっていった。

こうした事実関係の解釈については、もちろん当時の時代背景を精密に考慮せねばならないが、一三世紀頃には慈善活動と軍事活動は、矛盾するどころかむしろ併存すべきものと考えられるようにもなっていたのは確かである。[*22]

ナイチンゲールの活動

軍医という存在が正式に職業として確立したのは、イギリス陸軍の場合は一六六〇年以降のようである。チャールズ二世がイギリスで初めて常備軍（Standing Regular Army）を設立したのだが、その際に兵士の健康や戦傷者に対する治療は各連隊の責任でなされることになり、平時も戦時も「軍医」が常駐するようになった。軍事医療を連隊単位で担うシステムはしばらく続き、一九世紀末になると「陸軍医療部隊」が設立され、中央集権体制がとられるようになっていった。*23

戦争と看護の関係における重要人物は、やはりナイチンゲールである。クリミア戦争時（一八五三～五六年）、フローレンス・ナイチンゲールが三八名の看護師や修道女を引き連れて兵士たちの看護を始めたことはよく知られている。それまでは戦場で傷を負った兵士のおかれた状況は悲惨なもので、病院に運ばれたとしても負傷者や病人は廊下にも寝かされ、汚物も垂れ流しになっていたという。軍隊には売春婦も多く付いてくるので、彼女らも不潔な場所での生活を余儀なくされ、大勢がコレラなどに感染して死んでいった。ナイチンゲールはそうした状況に飛び込んで野戦病院の改革に取り組み、わずか数ヶ月で死亡率を半減させたとされている。

九〇歳まで長生きしたナイチンゲールが看護の実践に携わったのはクリミア戦争が終わる

＊22　橋口倫介『十字軍騎士団』講談社学術文庫、一九九四年、六二～七〇頁を参照。
＊23　イギリスにおける軍事医療については、荒木映子『ナイチンゲールの末裔たち――〈看護〉から読みなおす第一次世界大戦』岩波書店、二〇一四年、二一～二三頁を参照。

まで、つまり三十代半ばまでである。それ以降は主に陸軍に対して衛生改革や病院建設などについて意見を述べたり、統計資料に基づいて病気の予防、看護の方法などについて助言をしたり本を書いたりした。ナイチンゲールが軍事医療・軍事看護に与えた影響は非常に大きく、一八六三年にはナイチンゲールの活動を高く評価していたアンリ・デュナンたちにより、敵味方の区別なく傷病兵を救助することを決めた赤十字国際委員会も結成された。

戦争のための看護と医学

一九〇九年、イギリスの陸軍省は篤志救護部隊（VAD：Voluntary Aid Detachments）というものを結成させた。それまで幾度もの戦争を経験した軍は、次の戦争では救護要員が不足することを予測して、女性たちにも国防の一翼を担わせようと考えたのである。第一次大戦が始まる前の時点ですでに約五万人が登録しており、戦争が始まるとさらに多くの者たちがVADに志願した。荒木映子の『ナイチンゲールの末裔たち――〈看護〉から読みなおす第一次世界大戦』によれば、その中心になったのは教養のある上流階級、上層中流階級の女性たちで、彼女たちは「戦争という帝国の重大事に貢献したいという高邁な意志からあえて志願した」という。[*24] VADの活動は、「ジュネーヴ条約に守られ、赤十字の記章のもとに看護活動を行う、政府公認の「女らしい」戦争貢献の手段[*25]」だったのである。VADは看護師としてだけでなく、料理人や事務員の下働きや洗濯係としても働き、救急車の運転手として採用されることもあったようである。

第一次大戦では、二万五〇〇〇人ものアメリカ人女性も兵士を救護するヴォランティアとしてヨーロッパに渡り、戦争に協力した。荒木の前掲書によると、同じく第一次大戦時は、日本からも計五八名の女性看護師がロシア、フランス、イギリスに派遣されたのであった。この戦争では、当時すでに二つのノーベル賞を受賞していた物理学者のマリー・キュリーも、負傷兵を助けるために約二〇〇箇所の病院や大学にレントゲンを設置するよう動いたのみならず、自らもレントゲン機材を搭載した車を運転して各地をまわって負傷した兵士を助けたのである。

こうした一方で、健康のための医学は、軍隊に適さない者を軍隊から排除するうえでも一役かっていたようである。帝政期ドイツにおいて、軍隊は一人の男子が一人前の国民となるための「国民教育学校」でもあった。しかし、そこで叩き込まれる「男らしさ」は厳しいもので、課せられる教練や上官からの圧迫、仲間からのいじめなどに耐えられず脱走を企てた

＊24　荒木、前掲書、三六〜三七頁。
＊25　同書、五〇頁。

り異常行動に走ったりする者も続出した。丸畠宏太によれば、一九世紀末から台頭しつつあった精神医学は、そうした逸脱行為をする者や軍隊に不適格な者をヒステリーやノイローゼという精神疾患のレッテルを貼ることでもって軍隊から合法的に排除し、「男らしさの世界」のつじつま合わせをすることにも寄与したという。[*26]

食べ物と補給

さて、兵士の戦闘を支えるうえで欠かせないものがもう一つある。それは食事である。食事は兵士の健康を保つために最も重要で、いま見てきた医療や薬品の問題は食事の問題とも連続している。例えば、明治初期の日本陸海軍はともに多数の脚気《かっけ》病患者の発生に悩まされており、海軍が一八八四年から洋食を採用したのには脚気対策の意味もあったと言われている。陸軍では森林太郎（鷗外）をはじめとする軍医たちが白米主義に固執したが、一九一三年になって米七対麦三の「麦飯」が採用された。[*27]

良質な食料を安定的に手に入れることは、重労働をせねばならない軍隊の最重要事項と言ってもよい。人間社会は食料資源を得るためにも戦争をしてきたが、さしあたりの食べ物がなければそもそも戦争ができないのである。戦争研究者のマーチン・ファン・クレフェルトは著書のなかで、司令官は戦略を実行に移す前に、まずは麾下《きか》の兵卒一人ひとりに対して一日あたり三〇〇〇キロカロリーを補給できるかどうかについてしっかり考えねばならない、という主旨のことを述べている。[*28] 彼がそこで論じているのは兵站《へいたん》・補給の全般についてであるが、以下では「保存食」の技術について簡単に見てみることにしたい。

軍隊の行動範囲を広げた保存食

人は動物や乗り物を使って遠くへ行くことができても、その途中および到着地で食べ物が手に入らなければ目的の活動ができず、移動の意味がない。携行する食料の量や質は、すなわち移動距離や行動範囲をどこまで広げられるかという問題でもあった。食料を保存するための古くからある方法としては、乾燥・燻製・塩漬け・酢漬け・発酵などが挙げられる。世界の各地域で人々は生き延びるために保存食を作り、やがてそれらは伝統食品となり、文化とも呼ばれるようになっていった。だが兵士が携行する食料は長期保存ができて栄養価が高

＊26　丸畠宏太「コラム13「男らしさの世界」の裏側――軍規逸脱行為と精神疾患」（阪口修平、丸畠宏太編著『近代ヨーロッパの探求12 軍隊』ミネルヴァ書房、二〇〇九年）二六二～二六三頁。
＊27　吉田裕『日本の軍隊――兵士たちの近代史』岩波新書、二〇〇二年、四一～四三頁。
＊28　マーチン・ファン・クレフェルト（佐藤佐三郎訳）『補給戦――何が勝敗を決定するのか』中公文庫、二〇〇六年、一〇～一一頁。

いことに加え、軽くてコンパクトであることも重要だった。

そうした点から、最も古くから用いられた携行食品は乾燥食品である。現在でも非常食として使われている堅パンは古くから兵士たちの糧食として定番だった。南北戦争で兵士に支給されたハードタックと呼ばれた堅パンは、歯と顎が砕けそうなほど固かったなどと評判は悪い。だがこの種のものは、食べる際に新たに焼く必要がなかったので、燃料の薪を節約できるなどの点でも都合がよかったようである。中世の軍隊に関する記録には、牛や鹿などの乾燥肉、干し魚、地域によってはクジラの肉やアザラシのレバーを乾燥させたものなども用いられたことが記されている。動物の肉だけでなく、ドライフルーツや乾燥野菜も同様だ。穀類を炒ったり豆類を乾燥させたり、あるいは粉にすればかなり長期間にわたって保存できることも、人類は何千年も前から知っていた。古代の支配者たちは乾燥食品を大量に備蓄したが、それは単に飢饉に備えてのことだけでなく、いつでも必要な時に軍隊を動かすためでもある。

乾燥や塩漬けや酢漬けが最も素朴な保存方法だったようだが、ベーコンやニシンなど、脂肪分の多い食品には燻製が有効だった。ソーセージも紀元前から作られており、ローマ兵も数珠つなぎになったソーセージを携行することがあったようである。チーズをはじめとする乳製品・発酵食品も大変古くからある食べ物で、古代ローマのレスラーや剣闘士たちはハードチーズを食べて筋力アップを図ったというし、コンデンスミルクも南北戦争で北軍兵士の携帯口糧として用いられた。[29] 二〇世紀初頭には食品を急速冷凍する技術も開発され、朝鮮戦争の時には初めてフリーズドライされたコーヒーが兵士に支給された。やがてフリーズドライ食品は宇宙食としても利用されるようになり、現在では誰もがスーパーやコンビニで買える身近な食品になっている。

食品を密封する技術

これまで長期保存のために、食品自体をさまざまに加工する方法が考えられてきたが、同時に重要なのは、食品を密封する方法であった。現代の私たちも、食品を持ち歩いたり保存したりする際には、まずは何らかの容器に密封することを考える。食べ物を腐らないように何らかの手段で密封するということは古くからなされていたと思われるが、スー・シェパードは『保存食品開発物語』で面白い説を唱えている。彼女によれば、「食品を気密性が高く、しかも持ち運びしやすい容器に密封する保存法は、中世のイギリスでパイ皮が発明されたことから始まった[30]」というのである。中世後期以降のイギリスで携帯食品の主流となったのは

＊29　スー・シェパード（赤根洋子訳）『保存食品開発物語』文春文庫、二〇〇一年、二一〇頁、二一四頁。

パイで、中にさまざまな具を詰めたそれは、旅行や畑仕事に持っていく定番の弁当だったという。分厚いパイ皮は、必ずしも食べるためのものではなかった。ライ麦粉や小麦粉で作った丈夫なパイ皮のなかに調理済みの肉や野菜を隙間なく詰めて、空気に触れないように溶かしたバターやラードを注いでさらにパイ生地で蓋をすることで、密閉のできる容器として使われたのである。

だが、そうしたパイ皮のケースは、一七世紀後半には陶器のポットに道を譲っていったという。陶器の方がパイ生地よりも丈夫で再利用できたからであり、一八世紀に入ると壺詰め専用の壺も大量生産されるようになった。だが、まだ密閉する際には、中身を入れたうえにバターやラードなどを注いで空気を遮断して密封する必要があった。また、酢漬けは保存食の定番の一つだが、それにはガラス瓶が最適だったようだ。というのも、銅など金属の容器に入れると酸で腐食してしまうし、陶器でも釉薬《ゆうやく》の鉛が溶け出してしまうことがあるからだ。先ほど、船員などに多かった壊血病の予防にはレモンなどの柑橘類の果汁が効果的だったという話を書いたが、柑橘類の果汁なども ガラス瓶に入れて船に積み込まれるようになった。

食料を保存するためには、食品そのものの加工に加え、容器や密封に関する工夫も重要であることが認識されるようになっていったのである。

缶詰の登場と普及

シェパードは「気密ガラス瓶の登場とそこに詰めた食品の加熱処理こそ、経験に頼る伝統的方法から科学的処理へのターニングポイントだった」[*31]と述べている。だが、瓶には重いとか割れやすいとか、欠点もいくつかあった。食品を密封する容器として革命的だったのは、一九世紀初頭に登場した「缶詰」である。それは食品を金属製の容器に密封したうえで加熱殺菌して長期保存を可能にしたものであり[*32]、軍隊にはうってつけであった。その製造原理は、ナポレオンが長期保存できる軍用食料の発明を公募した際にニコラ・アペールによって考案された方法がもとになっている。

缶詰は、しばらくのあいだはノミとハンマーを使わないと開けられないようなものだったようだが、やがて改良が加えられて一般庶民のあいだにも普及していった。缶詰が広まっていったきっかけは、アメリカでは南北戦争、ヨーロッパでは第一次大戦であった。日本でも、

＊30　同書、二六四頁。
＊31　同書、二七八～二七九頁。
＊32　缶に入っていても加熱殺菌していないものは単なる「缶入り」であって、密封後に加熱殺菌している「缶詰」とは区別される。

日清戦争・日露戦争においてすでに缶詰が用いられている。

その後もさらに技術は進んで、一九五〇年代に入るとアメリカ軍は食料品の輸送にポリエチレンの袋を用いるようになった。六〇年代には生鮮食品の入っている容器の中の空気を鮮度が長持ちするように組成したガスに置き換える実験も始められた。七〇年代に入るとサランラップも普及し、現在ではレトルトパウチも当たり前のものとなっている。

アメリカ陸軍の保存食研究

第二次大戦でのアメリカ軍は、一方では日本軍のいる島を順々に攻め落として日本に近づいていき、他方ではヨーロッパでもドイツと戦っていた。それはこれまでの戦争とくらべて移動距離が桁違いに長く、戦場となった場所の気候もそれぞれ大きく異なっていた。そのため食料の供給を担当する軍の需品科にも新しい工夫が求められ、結果的にこの戦争は、戦地の兵士が加工食品（戦闘糧食、レーション）だけを長期にわたって食べた過去に例のない戦争になったと言われている。[*33]

アナスタシア・マークス・デ・サルセドの『戦争がつくった現代の食卓――軍と加工食品の知られざる関係』は、軍と食品の関係について書かれた興味深い本である。彼女は、「加工食品の世界を宇宙にたとえるなら、第二次世界大戦がビッグバンに相当する[*34]」と述べており、その宇宙で太陽にあたるのが、「アメリカ陸軍・ネイティック・ソルジャー・システム・センター」（NSSC）であるという。NSSCでは、兵士の防護服やパラシュートなどさまざまな装備品に関する研究に加え、戦闘糧食の研究もなされている。エナジーバー、成型肉、長持ちするパン、インスタントコーヒーなどはすべてそこで発明された。レトルト技術開発の中心となったのもNSSCである。そこで発明、ないし開発のもととなる研究がなされたものが後に民生用に利用され、今の私たちの生活の一部となっているので、サルセドはNSSCを「アメリカ人の食生活の基盤をなす加工食品の聖地」[*35]とも呼んでいる。彼女によれば、陸軍の研究に起源をもつ、あるいは陸軍の影響を強く受けている食品をすべて排除したら、スーパーマーケットの棚の半分はからになってしまうだろうという。

＊33　アナスタシア・マークス・デ・サルセド（田沢恭子訳）『戦争がつくった現代の食卓――軍と加工食品の知られざる関係』白揚社、二〇一七年、一〇二頁、二八一頁。
＊34　同書、一一二頁。
＊35　同書、二二二頁。

急速冷凍技術の確立

兵士の食事については、食品を加工することや密閉することに加え、効率的に輸送することも重要であった。南北戦争時は、缶詰にする肉はまだ生きたまま輸送されていたため、途中で急激に痩せてしまったり、死んでしまったり、輸送中にも水や餌が必要であるなど、時間も手間もかかり効率が悪かった。解体処理した肉を低温を保ったまま輸送できるようになったのは、一八九八年の米西戦争の時期からである。

だが一九一七年に参戦した第一次大戦では食料の必要量が激増したので、輸送にさらなる工夫が求められた。そこでその頃から、骨、内臓、脂肪、軟骨など余分なものをあらかじめ除去して軽くなった肉を四角に整形して冷凍し、麻布やパラフィン紙で包んで積み重ねることで、列車や船のなかで占めるスペースを大幅に削減するようになった。さらにそれから少し時間がたつと、クラレンス・バーズアイによって急速冷凍の技術が確立され、輸送効率がさらに上昇したのみならず肉の味も良くなり、第二次大戦時のアメリカ兵はその恩恵にあずかることができた。[*36]

また、サルセドによれば、軍はISO規格のコンテナを開発したわけではないが、貨物の積替えなしでトラックの荷台から列車や船にそのまま移せるスチール製の箱という画期的なコンセプトを普及させるよう強力に後押ししたという。それによって輸送コストを大幅に削減することができたのである。コンテナ内にはフォークリフトで四方差しパレットに荷物を載せて搬入するが、それも第二次大戦中の軍の発案のおかげで誕生したものだという。[*37]

戦争を支えた食事

食品の加工や容器や輸送の技術が現在ほどでなかった時代は、兵士たちは自分の皿に盛られた肉の部位をめぐって食堂内で仲間たちと喧嘩をしたりすることもあった。また、不要な骨や内臓が大量に捨てられることによる悪臭や不衛生に悩まされたりもした。

軍隊において「食事」は、第一には栄養補給や病気の予防が目的だが、それだけではなく、連帯感や仲間意識を育み維持するうえでも、あるいはリラックスする時間や場所としても重要なものである。食堂の雰囲気や食事の時間が殺伐としたものであることは好ましくない。懸命にそれらの改善が試みられてきたのは、それがすなわち軍の強さ、戦闘での勝利につながるからに他ならない。

缶詰、急速冷凍、フリーズドライ、レトルトパウチなど、さまざまな食品加工とそれに関

＊36　同書、一五八〜一六一頁。
＊37　同書、二八三〜二八四頁。

連する技術が軍事に対してなした貢献は、銃や爆弾の発明・製造に優らずとも劣らないであろう。ガソリンやエンジンオイルがなかったら戦闘機も戦車も動かないように、食品や薬品がなかったら筋骨たくましい兵士も戦えない。食料を長期保存したり輸送したりする技術がなければ、そもそも大勢の兵士を遠くの戦地まで移動させたり滞在させたりすることができない。二〇世紀の戦争がそれまでとくらべて急に大規模化したことの背景には、保存食の発展も大きな要素としてあったことは間違いないであろう。

第2章

鉄道、飛行機、カメラ

組み合わせて武器にする

軍事に貢献した鉄道

戦争では、これまでさまざまな乗り物も利用されてきた。自動車の延長上に戦車や装甲車などがあり、飛行機であれば戦闘機や爆撃機として、船であれば駆逐艦や空母などとして用いられてきた。日本陸軍の「銀輪部隊」のように、自転車も各国の軍隊で利用されたのである。そうしたさまざまな乗り物のうち、かつては戦争遂行に不可欠で、極めて大きな役割を担っていたものの、現在では軍事との関連がほとんど意識されなくなったものとして、鉄道が挙げられる。本章ではそこから話を始めよう。

一九世紀半ばから二〇世紀半ばにかけての約一〇〇年間、鉄道はかなり直接的に戦争・軍事に貢献していた。日本軍は鉄道を明確に「軍器」と認識し、鉄道政策全般にも深く関与していたほどである。輸送能力こそ、軍事の要だと言っても過言ではないからだ。

クラウゼヴィッツの『戦争論』は戦争研究の必読文献であるが、彼自身は一八三一年に亡くなっている。ドイツで最初の鉄道が開通したのは彼の死の四年後、一八三五年だったので、五一歳という若さで死んだクラウゼヴィッツがせめて六〇歳まで生きたならば、彼はその原稿に鉄道の軍事的意義に関する一節を付け加えていただろうか。布施将夫の『近代世界における広義の軍事史――米欧日の教育・交流・政治』によると、一九世紀のプロシア・ドイツにおける軍部の鉄道利用については、積極的な評価をする研究と消極的な評価をする研究とがあるようなので、私がここであまり安易なことを言うわけにはいかない。[*1]だが、本書の問題意識からすると、やはり人類の戦争史における「鉄道」の存在は注目に値するので、簡単に要点を見てみることにしたい。

鉄道が大量の兵士を運ぶ

蒸気機関車を用いた鉄道は、一八二五年にイギリスのストックトンとダーリントンの間を結んで走ったのが最初である。鉄道の軍事利用としてもっとも初期の例も、やはりイギリスである。リヴァプールとマンチェスターの間を結ぶ鉄道は一八三〇年に開業し、まもなくそれは、アイルランドで起きた内乱の鎮圧に向かう連隊の輸送に用いられている。大勢の軍隊に約五〇キロの距離を移動させるには、従来の移動方法であればどんなに早くても丸二日はかかった。しかし鉄道を用いたところ、移動時間はわずか二時間程度で済み、しかも兵士たちは元気な状態でリヴァプール埠頭に到着できたのであった。ナイチンゲールが活躍したクリミア戦争（一八五三〜五六年）は負傷兵を戦場から運び出すのに鉄道が利用された最初の戦争となり、それはやがて「救急列車」の誕生にもつながっていった。

ドイツでの最初の鉄道は今述べたように一八三五年であり、その軍事的意義については経済学者のフリードリッヒ・リストがいち早く指摘していた。鉄道があるということは、要するに多くの兵士と武器弾薬や食料を運べるということに他ならない。鉄道それ自体は戦争のために発明されたものではないけれども、実用化とほぼ同時に軍事利用される運命にあったのだ。

日本での鉄道創業はイギリスの約五〇年後、一八七二年の品川と横浜間の開通が最初である。一八七二年というのは日本が急速に近代化をすすめていた時期で、陸軍省・海軍省が設置されたのもその年である。[*2] その五年後に勃発した西南戦争の時、さっそく約三万人の兵員と物資が鉄道輸送されており、軍部は鉄道の重要性を認識することになった。

アメリカでの鉄道建設は日本よりずっと早く、一八三〇年である。その約三〇年後、アメリカ史上最大数の死者を出した南北戦争（一八六一～六五年）が始まる。クリスティアン・ウォルマーは『鉄道と戦争の世界史』でこの南北戦争を「最初の正真正銘の鉄道戦争[*3]」と呼ん

＊1　布施将夫『近代世界における広義の軍事史――米欧日の教育・交流・政治』晃洋書房、二〇二〇年、一一～五五頁を参照。
＊2　鉄道といえば時間管理が重要であるが、序章の注12でも触れたように、日本はこの時期に太陰太陽暦からグレゴリオ暦への切り替えをしている。明治五年（一八七二年）の一二月三日を明治六年（一八七三年）一月一日とし、定時法の社会へと転換していった。
＊3　クリスティアン・ウォルマー（平岡緑訳）『鉄道と戦争の世界史』中央公論新社、二〇一三年、三四二頁。

でいる。この戦争で鉄道の利用は本格的になり、ウォルマーは「鉄道によって前線に運ばれた軍隊が、列車の配置路線図によってしばしば決定された戦場で戦いを決行した」[*4]とも述べている。北軍も南軍も、戦争が始まったときにはすでに鉄道が軍事に重要な役割を果たすことに気付いていた。そのため、双方は敵の鉄道輸送を妨害することも重要だと考え、鉄道破壊も軍事作戦の一つとして計画・実行するようになっていった。鉄道の破壊をしたりされたりすることを繰り返しているうちに、いやおうなく復旧の技術も上がっていき、皮肉にもこの時代を通して鉄道の修理や管理のスキルが養われることになった。「鉄道の破壊とその復旧の作業を科学的分野にまで引き上げたのが南北戦争であった」と評した者もいるほどである。[*5]

ウォルマーによると、鉄道の破壊作戦として記録に残る最初の実例は、一八四八年におけるイタリアのダニエーレ・マニンらによってなされたオーストリア軍が列車に乗ってやってくる際に使う高架橋梁の破壊である。

装甲列車と列車砲

鉄道破壊が頻繁になされるようになると、それを防ぐために巡視する必要も生じる。また、列車そのものが攻撃されることもしばしばだった。そこで、南北戦争の時から武装した列車、いわゆる「装甲列車」[*6]も走るようになった。それは厚い装甲で防御しているだけでなく、大砲、機関銃などで武装もしており、つまりは線路の上を走る戦車のようなものである。それは後のボーア戦争（一八八〇〜八一年）でも多用され、さらに第一次大戦、第二次大戦までいくつかの国で用いられた。履帯（キャタピラ）を持ついわゆる普通の「戦車」が初めて登場したのは第一次大戦中の一九一六年なので、「装甲列車」の方がそれより数十年も早く登場したことになる。

また、大口径の大砲を鉄道によって移動可能にした「列車砲」というものも作られ、それも南北戦争から第二次大戦まで各国によって用いられた。実は日本陸軍も、第一次大戦後にフランスから列車砲を輸入している。最初は東京湾要塞砲として配備し、後に関東軍が列車砲として運用したが、実戦では一発も発射することなく終戦を迎えたようだ。[*7]「装甲列車」

＊4　同書、三頁。
＊5　この引用は、ウォルマーの同書（八一頁）で、Thomas Weber, *The Northern Railroads* からの引用として紹介されている。
＊6　装甲列車については、ウォルマーの同書、八二〜八三頁、二四二〜二四七頁、ロシアのミサイル列車についてては、三三五〜三三九頁などを参照。
＊7　熊谷直『軍用鉄道発達物語』光人社、二〇〇九年、一〇五頁による。

や「列車砲」は、現代の私たちの目にはいささか奇異な兵器に映るが、かつてはそうしたものも珍しくなかったのである。

戦争大規模化の一因としての鉄道

日本の参謀本部陸軍部は、一八八八年に『鉄道論』という書物を刊行している。そこでは、鉄道は「国防ノ利器」であり、「兵備ニ必須ノ要具」であり、「砲熕《ほうこう》ニ劣ラサル軍器」（大砲に劣らない兵器）である、と書かれている。*8 現にその後の日清戦争（一八九四〜九五年）では、兵員二八万人、軍馬二万五〇〇〇頭、その他膨大な物資が鉄道輸送されており、鉄道は軍隊に欠かせないものとなっている。そしてその戦争が終わると、近衛師団隷下に鉄道大隊が設立された。日露戦争では鉄道の重要性はさらに高まり、日清戦争時よりもはるかに多くの兵員と物資が運ばれた。戦後に鉄道大隊は鉄道連隊に昇格し、太平洋戦争まで存続した。有名な南満州鉄道（満鉄）も軍部との関わりが深い存在であったし、実は自衛隊にもかつては鉄道部隊（第一〇一建設隊）があったのである。

南北戦争とアメリカ大陸横断鉄道や、日露戦争とシベリア横断鉄道のように、戦争と切り離せない鉄道もあり、もっぱら軍用のために敷設された鉄道もある。鉄道建設と国策とが密接な関係にあったのは確かである。だが、一〇〇年にわたる各国鉄道史を総合的に見るならば、純然たる戦争目的に徹した鉄道は少なく、基本的には民間鉄道を軍事目的に利用した例が多くを占めるようである。鉄道と軍部との関係は国によってさまざまな形をとってきたので、各国における戦争と鉄道の関係について詳細に研究しようとするならば、そのあたりが重要なポイントになるだろう。

鉄道が軍事に不可欠だった一九世紀半ばからの約一〇〇年間、それは戦争でいうとクリミア戦争から朝鮮戦争あたりまでになるが、その期間で戦争死者数がそれまでとくらべて急増していることは無視できない。ウォルマーも指摘しているとおり、鉄道の軍事利用は必ずしもその国の勝ち負けを左右したとは言い切れないが、結果的に戦争を大規模化させる重要な要素になったのは確かだと思われる。その時代には火器の発展など、狭い意味での武器の進歩もあったことは言うまでもない。しかし、鉄道が普及し、また前章で触れたように保存食の技術も発達したため、膨大な数の人々を兵士として戦場に立たせることができてしまったことが悲劇を大きくしたそもそもの背景としてあったとも言える。

鳩澤《ばんざわ》歩の『鉄道のドイツ史——帝国の形成からナチス時代、そして東西統一へ』によれば、大砲で有名なクルップ社の創立と発展にも鉄道業が深く関わっている。アルフレート・クル

＊8　参謀本部陸軍部『鉄道論』一八八八年、一一六〜一二六頁。

ップは「大砲王」と呼ばれたほど武器を積極的に製作したことで知られるが、彼の会社の飛躍のきっかけとなったのは、機関車車輪用の継ぎ目なしの輪鉄を作ったことであるという。また、クルップ社は一八六二年にはベッセマー法（酸性底吹転炉法）のドイツでの使用占有権を獲得し、すぐに自社収益の大半をレール製造で満たすようにもなったのである。[*9] 第二次大戦時のドイツによるいわゆるユダヤ人虐殺に関しては、「強制収容所」と「ガス室」が象徴的なものとして語られる。だが犠牲者のユダヤ人の多くは、まさに「鉄道」によって大量輸送されたということも忘れてはならないだろう。

鉄道と関連する技術

さて、鉄道建設はどの地域でも膨大な関連需要をもたらした。鉄道を普及させるためには、蒸気機関や車体の性能を上げればいいだけではなく、そもそもレールを作るために膨大な量の高品質な鉄が必要になる。実際に線路を敷くためには、広範囲にわたって土木工事もせねばならない。駅舎はもちろん、橋梁、トンネルなど、車体や線路以外にも作らねばならないものは多い。信号システムを構築し、通信環境も整える必要があり、運行管理の技術も高めねばならない。つまり列車を走らせるという事業は、巨大なシステムの構築なのである。それはその社会の経済に広く大きなインパクトを与え、機械工学や土木工学など広い分野に大きな刺激を与えたとされる。[*10]

鉄道は一九世紀半ばの時点で、すでに時速一〇〇キロ以上を出せるようになっていた。だが高速運転によって、ピストン、コンロッド、動輪系の不釣り合い振動が生じ、脱線や転覆事故が頻発したため、事故防止に向けてさまざまな理論解析がなされるようになった。結果的に、蒸気機関車における動輪系の理論解析と試験法の開発は、後の自動車や航空機のエンジンにおける振動防止と安全な高速運転の確保に大きく貢献したと言われている。[*11]

また、逆の例もあるようで、第二次大戦中に航空機のフラッタ（翼振れ）の研究をしていた松平精《ただし》は、「零戦から新幹線まで」というエッセーで、戦後はその研究を列車のハンティング（だ行動）を制圧する工夫に活かすことができ、東海道新幹線の建設に貢献できたという主旨のことを述べている。[*12] 鉄道と飛行機は、細かな技術においては意外とつながっている

＊9　鳩澤歩『鉄道のドイツ史――帝国の形成からナチス時代、そして東西統一へ』中公新書、二〇二〇年、六三～六八頁。
＊10　三輪修三『工学の歴史――機械工学を中心に』ちくま学芸文庫、二〇一二年、一一八頁、一四九～一五一頁。
＊11　同書、一九八頁。
＊12　松平精「零戦から新幹線まで」（『日本機械学会誌』七七巻 六六七号、一九七四年、所収）

部分もあるようだ。

飛行機の登場

では次に、飛行機に目を向けてみよう。

人は昔から、「天」から神の声を聞いたり、死んだあとは「天」に昇るとイメージしたりしてきた。絵画のなかでも、天使や天女が「翼」や「羽衣」で空を飛ぶ姿を描いてきたし、『ドラえもん』でも、第一話から登場したひみつ道具は「タケコプター」だ。空想の未来都市を描いたイラストでは、しばしば自動車が空を飛んでいる。飛行機があたりまえの現代でも、私たちは空を飛ぶ道具や乗り物にテクノロジーの象徴のようなイメージを持っているのかもしれない。

ライト兄弟による初の有人動力飛行は、一九〇三年の末のことである。ただし、他の多くの発明品にも言えることだが、ライト兄弟は純粋にゼロから飛行機を作り出したわけではない。ジョン・D・アンダーソンJr.が『飛行機技術の歴史』で述べているように、兄弟たちはあくまでも、それまでの先人たちによる研究の蓄積のうえで、初飛行を成功させたのである。兄弟の初飛行の七年前にあたる一八九六年には、サミュエル・ラングレーが動力付き飛行機による約一キロの飛行に成功しているし、その三〇年も前の一八六六年には「英国航空協会」

が設立されている。すでにその時代、かなり多くの人が動力飛行に熱中しており、アイディアの交換や論文発表の場が必要だったからである。さらにいえば、その英国航空協会設立よりも六〇年以上前、一七九九年に、すでにジョージ・ケイリーによって固定翼機の概念、つまり現代的な構成をもつ飛行機の形も明確に示されていた。

一九〇三年のライトフライヤーの特徴、すなわち、その複葉機構成やプロペラによる推力の生成にしても、またガソリン内燃機関の使用や水平尾翼や垂直尾翼が必要だということにしても、ほぼすべて既存技術を適用したものである。[*13] ここでは詳述しないが、ライト兄弟よりもずっと以前から、アメリカのみならず、イギリス、ドイツ、フランス、ロシアなど、世界中のさまざまな国で多くの人たちが空を飛ぶ乗り物の開発競争をしていたのである。

人類は有人動力飛行に向けて十分な助走期間をもっていたので、二〇世紀初頭にはいずれは誰かがそれに成功していたであろう。驚異的だったのは、飛んだことそれ自体よりも、むしろそれ以降の発展と普及の早さの方かもしれない。ライト兄弟が各地でデモフライトを披露すると多くの人たちは目を丸くしてそれを眺めたが、ひとたび「空気より重い乗り物」で

＊13　ジョン・D・アンダーソンJr.（織田剛訳）『飛行機技術の歴史』京都大学学術出版会、二〇一三年、一七二〜一七三頁。

誰でも空を自在に飛べることがわかると、人々はそれにさらなる改良を加え、試行錯誤を重ねていった。そしてライト兄弟からわずか四〇数年で、人は飛行機を超音速で飛ばすまでに進化させたのである。

戦争による飛行機の発展

こうした発展において無視できない背景は、やはり「戦争」「軍事」である。戦争はとにかく否定し批判しなければならないという一般的な通念があるので少し口には出しにくいけれども、しかし実際のところ、飛行機の進化と発展が戦争によって大いに加速されたことは間違いないのではなかろうか。確かに二つの世界大戦の間には盛んに飛行機レース大会が開かれ、目新しい飛行機も登場した。平和的な飛行機レースが後の航空機開発に大きな影響を与えたと主張されることもあるようだが、実際には競技用飛行機の設計から従来型飛行機へ移管された先駆的な新技術開発はほとんどなかったと言っていいようである。*14

当のライト兄弟たちは、飛行機の軍事利用など考えもしなかったのかというと、決してそうではなかった。彼らは、むしろ自分たちの発明の軍事的重要性を最初から認識しており、飛行機を軍隊に売り込むことにも熱心だった。彼らは当然ながら、まずはアメリカ軍が自分たちの飛行機を採用することを望んだ。ところがアメリカ軍は、すぐにはライト兄弟たちが期待していたような反応は示さなかったので、彼らはヨーロッパ各国の軍隊にも目を向けている。初飛行に成功した約二年後には、兄弟たちは日本の陸軍大臣宛てにもセールスの手紙を送ってきたのである。

だがそんな彼らも、まさか将来、飛行機から原爆や焼夷弾を投下したり枯葉剤を撒いたりして、一瞬で何万人も殺害したり、後遺症やその他の病気で後の世代まで苦しむ人を大量に生み出したりしてしまうことになるとは想像もしなかったかもしれない。おそらく彼らは、飛行機には偵察や伝令といった役割を担わせることをぼんやり想定していたくらいで、大勢の人々が黒焦げになったり手足を吹き飛ばされたりする阿鼻叫喚の地獄をなまなましく思い浮かべることはできなかったのではないかと思われる。第二次大戦後まで生きた弟のオーヴィルは晩年に、自分は誰よりも飛行機がもたらした罪過を嘆いているけれども飛行機の発明

＊14　アンダーソンJr.の前掲書、三七四～三七五頁を参照。彼によれば、競技用飛行機には、最先端だが既存の技術だけが用いられることがほとんどだったという。競技用飛行機には新技術が導入されていると いう印象をもたらしているのは、目的を限定したために流線型に整えられたスマートな外観が人々の目には近未来的に映り、また特別に調整したエンジンを積んでいたからに過ぎないようである。バーチ・マシューズも飛行機レースがどれだけ飛行機技術を発展させたかについて考察した著書（*Race with the Wind: How Air Racing Advanced Aviation*, Motor Books International, 2001）のなかで、当初の予想に反し、先端技術はむしろ通常の飛行機から競技飛行機へ流れていったという結論にいたっている。

そのものを悔やんではいない、という主旨のことを述べている。[*15] だが戦中も戦後もアメリカ国内にいたオーヴィルは、直接は空襲のおぞましさを知らないままだったのではないだろうか。

ちなみに、『タイムマシン』や『宇宙戦争』などで有名な小説家のH・G・ウェルズが『空の戦争』で空襲の恐ろしさを描いたのは、一九〇八年である。つまりライト兄弟による初飛行のわずか五年後であり、まだ実際には空爆も空中戦もなされていない時代であった。

空中での戦いの始まり

今から考えると少し意外だが、飛行機が発明された当時、多くの国の軍隊は必ずしもすぐにその新しい乗り物に飛びついたというわけではなかった。はじめの頃は多くの知識人でさえ、飛行をサーカスの綱渡り芸と似たようなものとしてしか見ていなかったようである。確かに、多くの航空史家の認識では、ライト兄弟の飛行機が本当の意味で実用的なものになったのは、初飛行の一九〇三年末ではなく、その約二年後、改良を加えて一九〇五年に飛んだ時の機体である。[*16] だがそれでもアメリカの陸軍省が兄弟の飛行機を購入したのは一九〇九年になってからのことであり、その数もわずかであった。ところが第一次大戦（一九一四〜一八年）の時期になると、各国は突如目が覚めたかのように競って優れた飛行機の購入や開発に取り組み始めた。

第一次大戦は、最初の一年と最後の一年とで飛行機の数がまるで異なる。例えばイギリス軍は、一九一四年の時点では一一〇機程度しか飛行機を持っていなかったが、一九一八年四月には独立空軍を発足させ、飛行機の数もその年の一一月には約二万二六〇〇機にまで増やしている。大戦初期は、飛行機の役割は偵察や着弾観測が主だったが、やがて爆弾を積んで空から爆撃をするようになる。そして、そうした爆撃機を撃ち落とすための戦闘機も現れるようになっていった。ライト兄弟の初飛行からわずか一五年程度で、単に飛ぶだけでなく、飛びながら相手を撃ち落とそうという「空中戦」も始まったのである。レオナルド・ダ・ヴィンチの「はばたき機」からライト兄弟までは五〇〇年以上、英国航空協会の設立からライト兄弟の初飛行まで約四〇年もかかっていることから考えると、いったん飛べるようになってからの進化や応用の早さには驚かされる。

人類史上初の「空爆」は、イタリア・トルコ戦争（一九一一～一二年）の時だったというの

＊15　デヴィッド・マカルー（秋山勝訳）『ライト兄弟――イノベーション・マインドの力』草思社、二〇一七年、三六四頁。
＊16　アンダーソンJr. 前掲書、一七二頁。

が定説である。一九一一年の一一月に、イタリア軍が二機の飛行船と九機の飛行機を出動させ、その際に乗組員が空から手で爆弾を投げ落としたとされている。ただし、その約六〇年前、一八四九年に、オーストリア軍がベネチアに対して無人の小型気球爆弾を使用したこともあった。それは地面や物にぶつかるとその衝撃で爆発するショックヒューズをもった爆弾を小型気球に取り付けたもので、合計で約二〇〇個が飛ばされた。このオーストリア軍の気球爆弾の方を史上初の「空爆」だとする研究者もいるが、ここでは「空爆」をどう定義するかが問題になる。

地上の大砲や歩兵の小銃から撃ち出される砲弾・銃弾も空中を飛んでくるわけだが、普通はそれを「空爆」とは呼ばない。「空爆」とは、人が空中から投下・発射する爆弾やミサイルによる攻撃を指すことが多いからである。もし「空爆」をそういうものだと考えるならば、地上から空中に放つ無人の気球爆弾は「空爆」とは言いにくいようにも思われる。ただし、現代では無人のドローンや長距離ミサイルによる攻撃を「空爆」と表現することもあり、その言葉の範囲はやや曖昧なままである。ここでは「空爆」概念の厳密な定義については保留にし、初期の例を挙げるに留めておくことにしよう。*17

空から宇宙へ

飛行機はもちろん兵士を輸送する手段としても利用されるようになった。だが、着陸してからドアを開けて彼らをゆっくり降ろすのではなく、飛んだままの状態から兵士を飛び降りさせるという荒業もなされるようになった。その際に用いられる道具は、言うまでもなくパラシュートである。パラシュート自体は気球からの脱出用にすでに以前からあったもので、そのアイディアについてはダ・ヴィンチもメモを残している。現代的な構造のパラシュートでもって飛び降りた最初の人物はアンドレ＝ジャック・ガルヌランというフランス人で、一七九七年のことであった。パラシュートを利用することで迅速に兵力を展開できると提案したのは、アメリカ軍で航空隊を指揮していたウィリアム・ミッチェルで、それはライト兄弟の初飛行からわずか十数年後のことであった。[*18] パラシュート降下は、実際には一九三〇年

＊17　『ブリタニカ国際大百科事典』の「空爆」の項目では、オーストリアのこれが「最初の空爆」であると説明されている。田中利幸も『空の戦争史』（講談社現代新書、二〇〇八年）ではその見方を踏襲している。田中は同書で「空爆」を「基本的には上空から地上に向けて攻撃を加える側の視点に立つ爆撃のこと」だとし、それに対して「空襲」は「空から爆撃される側の視点に立って議論する時の用語」だとしているが（七頁）、「空爆」それ自体の厳密な定義はしていない。

代初頭からロシアやドイツで先鞭が付けられ、第二次大戦ではもうまったく珍しくない手段になった。

ライト兄弟以降、海峡や山脈を越える長時間の飛行を成功させる者や、初めて宙返り飛行をやってみせる者なども現れ、空を舞台にさまざまな「世界初」が打ち立てられていった。一九二七年に、スピリット・オブ・セントルイス号でニューヨークとパリの間、つまり大西洋横断の無着陸飛行を成功させたチャールズ・リンドバーグも、アメリカ軍と密接な関係のある人物だった。ハイラム・マキシムといえば機関銃の発明者として有名だが、彼はそのおそろしい武器の発明によって富と名声を得て以降は、飛行機の開発に積極的に関わるようになっていた。いち早くパラシュートの軍事利用を提唱していたウィリアム・ミッチェルは、飛行機の民間利用・商業利用にも積極的で、広い畑に農薬を散布したり、空中撮影によって地図を作成したり、広告のビラを撒いたり、郵便物を運んだり、患者を緊急輸送したりするのにも飛行機は有用であると力説していた。だが、彼がそれらを主張したのは、商業航空の発展も結果的にアメリカ軍のエアパワーを支えることになると考えていたからである。[*19]

空を戦場とするようになった人類は、やがて空よりもさらに上、すなわち宇宙にも活動の場を広げるようになり、アメリカはすでに一九五九年の時点で「空軍・宇宙軍力」（Aero-Space Power）という言葉を使い始めている。[*20] 人類はライト兄弟の初飛行からわずか六六年で、ロケットを作ってそれに乗り、三八万キロも離れた月に降り立った。ロケットはミサイルとほぼ同じようなものでもあり、一連の宇宙開発が軍事と無関係でないことは言うまでもない。現にこれまでの宇宙飛行士には、圧倒的に軍人が多い。

すぐに軍事利用された気球

では、あらためて、空飛ぶ乗り物の歴史を簡単に見てみよう。

人類が、自ら作った道具に乗り込んで初めて空を飛行したのは、ライト兄弟より一二〇年ほど前のことである。その乗り物は、フランスのモンゴルフィエ兄弟による熱気球だ。彼らは、まずは直径約一一メートルの風船を二〇〇〇メートルほどの高さまで上げることに成功する。その後、今度はアヒルやヒツジなどの動物を載せて高度約四六〇メートルまで上げ、約三キロを飛行させることに成功した。そして次に、とうとう有人飛行が行われた。軍人の

＊18 ジョン・キーガン、リチャード・ホームズ、ジョン・ガウ（大木毅監訳）『戦いの世界史――一万年の軍人たち』原書房、二〇一四年、二五七頁。
＊19 『戦略論大系 ⑪ミッチェル』（戦略研究学会、源田孝編著）芙蓉書房出版、二〇〇六年、九六〜一一四頁を参照。
＊20 石津朋之編著『戦争の本質と軍事力の諸相』彩流社、二〇〇四年、一四八頁。

フランソワ・ダルランドと、科学者のピラートル・ド・ロジェの二名が、モンゴルフィエ兄弟の気球に搭乗したのである。係留《けいりゅう》を解いた気球による有人自由飛行はこれが最初である。その気球は高さ約二三メートルの大きさで、九一〇メートルほど上昇して約九キロを飛行したと伝えられている。時は一七八三年一一月のことであった。

一八世紀後半といえば、産業革命が始まった時期にあたる。この時期にはワットが蒸気機関の大幅な改良に成功したり、ミュール紡績機が発明されたり、新たな製鉄法も開発されたりするなど、技術と科学が急速に発展した時代であった。

この気球という新しい乗り物は、その誕生と軍事利用がほぼ同時だったと言ってよい。最初の有人飛行の際にすでに軍人が乗っていたわけだが、その翌年の一七八四年、フランスで革命軍が気球に乗って上空に上がり、空からオーストリア軍の動向を探った。一応これが、空を飛ぶ乗り物を軍事利用した最初のものとされている。フランスでは一七九三年に世界初の「気球隊」が設立され、後の空軍のさきがけとなっている。その後も、気球は一八六一〜六五年のアメリカ南北戦争でも偵察に利用された。その時は最初の軍事用気球も製作されており、人が乗り込むバスケットの床部分は地上から銃で撃たれても大丈夫なように鉄板が敷かれ、係留ロープを奪われた場合にも対抗できるように小型爆弾や手榴弾も装備されていた。一八七〇〜七一年の普仏戦争でも気球は偵察・測量・移動・通信などに利用された。レナード・

コットレルは、自由気球が目覚ましい働きをした戦争としてこの普仏戦争をあげている。[*21] 第二次大戦では日本軍が風船爆弾を用いたこともよく知られているし、連合軍も金属のケーブルで気球を一定の高度で係留し敵の航空機の接近や攻撃を防ぐ防御兵器「阻塞《そさい》気球」を多く使用した。

実は、そもそもモンゴルフィエ兄弟が熱気球の実験に取り組み始めたことの背景に戦争があった。当時、スペイン軍がジブラルタルに籠城してその領土主権を主張しているところをイギリス軍が包囲していたのだが、フランスはスペインと同盟関係にあったので、旧政府からイギリス軍の撃退方法を考案した者に一万フランの賞金を出すという布告があったのである。モンゴルフィエ兄弟は、地上からスペイン軍を援助することはできないけれどもイギリス軍の上を飛び越えることができればスペイン軍に補給物資を届けられると考え、そのための具体的手段として気球を提案したのであった。[*22] 彼らのアイディアは、最初から軍事的な「航空隊」だったのである。ジョン・D・アンダーソンJr.は、気球の技術は「飛行機の技術に対

*21　レナード・コットレル（西山浅次郎訳）『気球の歴史』大陸書房、一九七七年、一六六～一六七頁。
*22　アーネスト・ヴォルクマン（茂木健訳）『戦争の科学——古代投石器からハイテク・軍事革命にいたる兵器と戦争の歴史』主婦の友社、二〇〇三年、二四八頁、二九三頁。コットレル、前掲書、一九～二〇頁。

しては実質的に何も貢献しなかった[*23]」と述べているが、軍事においては十分に応用・活用されたのである。

飛行機の時代へ

ところで、気球には風向きに左右されるという大きな欠点があった。そこで、初の有人飛行の後は、進行方向をコントロールするために蒸気機関などを用いたさまざまな改良が試みられるようになっていった。それらはいずれも重すぎて実用化することができなかったが、一九世紀末にガソリンエンジンが発明されたことが、一九〇〇年のフェルディナント・フォン・ツェッペリンによる硬式飛行船へとつながっていった。ツェッペリンの硬式気球は、アルミニウム合金による骨組みに防水加工した布を被せ、その内側に水素ガスを詰めた気嚢をいくつも収めるという構造のものであった。日本陸軍は、早くも一九〇五年に気球隊を創設しており、その三年後には全長約一二八メートルのツェッペリンの飛行船を購入している。

飛行船の最盛期は、グラーフ・ツェッペリン号が世界一周を成功させた一九二九年あたりだと考えてよさそうだ。その後も飛行船は巨大化していき、最大級の飛行船はヒンデンブルク号で、その全長は現代の大型旅客機の三倍以上にあたる二四五メートルだった。それはディーゼルエンジンを四基も積んでおり、最高時速は一三五キロだったとされている。だがこの飛行船は、一九三七年に爆発事故を起こしてしまう。もともと飛行船は風の影響を受けやすい乗り物で、以前からも悪天候による事故が多かった。だがヒンデンブルク号の事故は大きく報道され、映像にも記録されて多くの人の目に入り、大爆発をおこして墜落する様子は世間に強いインパクトを与えたのであった。おおよそこれをきっかけに、各国は大型飛行船に対する関心を急速に冷ましていく。第一次大戦でドイツ軍は約一トンもの爆弾を積める飛行船を多く実戦投入したが、やはり飛行性能が不安定で事故が多く、爆撃の成果は期待されていたものとは程遠いレベルであった。

だが、ヒンデンブルク号の事故などがなかったとしても、飛行船の時代は長くは続かなかったと思われる。言うまでもないが、その事故の三〇年以上前に、すでにライト兄弟の「飛行機」による有人動力飛行が実現していたからである。ライト兄弟は、飛行機なら飛行船の倍の速度が出せるし、大きな飛行船一機を造る費用でライトフライヤーなら一〇機を造ることができるとも考えていた。[*24] 飛行性能面のみならず、金額の面でも飛行機の方が有利だったようである。

＊23　アンダーソンJr.前掲書、三三～三四頁。
＊24　マカルー、前掲書、二〇四頁。

飛行機を構成するさまざまな部品

ライト兄弟以前にも、鳥や昆虫が空を飛ぶ方法を真似た「羽ばたき機械」が多くの人によって試作されていた。一九世紀半ばにはグライダーによる飛行もなされていたし、飛行船も空を飛んでいた。だがライトフライヤー号のように、飛行船とは異なる高い運動性・機動性をもって自在に空を飛べる飛行機を完成させるには、適切な形状の翼をもった機体だけでなく、特に軽量な動力源が必要であった。

飛行機の製作に取り組んでいたライト兄弟は、いくつもの自動車エンジン製作所に手紙を書き、軽量で希望通りの出力をもつエンジンについて問い合わせをした。ところが返事をくれたのは一ヶ所だけで、そのエンジンも彼らの望んでいたよりはるかに重たいものだった。結局エンジンは彼ら自身の手で作るしかなかったが、その時に助けてくれたのが、兄弟の自転車店で働いていたチャーリー・テイラーという人物だった。テイラーは抜群の腕を持つ機械工で、彼が必要な条件を満たしたエンジンを完成させることに大きな協力をしてくれたのである。テイラーの貢献度が実際にどれくらいだったかについては、ライト兄弟について書かれた本によって微妙に異なる。だが兄弟の伝記を書いた一人のデヴィッド・マカルーによれば、兄弟たちの飛行実験の際にはいつもエンジン不調に備えてテイラーが控えており、彼の存在は「兄弟には神からの賜物にほかならなかった」という。[*25]

ところで、テイラーが作ったエンジンが非常に軽量だったのはアルミ鋳物で出来ていたからで、それは当時新進のアルミメーカーであるアルコア社のものだった。また、プロペラを回す駆動チェーンはインディアナポリス・チェーンカンパニーの特注品で、翼を固定するワイヤーロープはニューヨークのブルックリン橋を建造したローブリング家が製造したものだった。[*26] ライト兄弟の飛行機は、当時のさまざまな新しい素材やパーツの組み合わせで可能になったとも言える。

ゴム、アルミ合金

飛行機は実にさまざまな部品の組み合わせから成るものであるが、例えばタイヤもその一つである。ライト兄弟の飛行機はタイヤではなく木製のソリ（スキッド）だったが、やがてタイヤを持たない飛行機はありえないようになる。車輪そのものは何千年も昔からあったが、現代的なタイヤが普及したのは二〇世紀に入ってからである。その材料となるゴムは、長いあいだあまり実用的な素材ではなかった。というのも、冬は寒さで固くなり、夏は逆に柔ら

＊25　同書、一二二頁。
＊26　同書、一二三頁、一二七頁。

かくなりすぎてベタつくものだったからである。だが、やがてこうした欠点を克服する発明家が登場する。ゴムという素材とタイヤの実用化に関しては多くの科学者や技術者の名をあげるべきかもしれないが、ここではそのうち二人だけを簡単に紹介したい。

まず一人は、チャールズ・グッドイヤーである。彼は一八三九年に、ゴムに硫黄を加えて加熱すると耐熱性をもたせられることを発見した。彼の考えた加硫法は画期的で、後の社会を大きく変えた発明だったと言ってもよいだろう。ただし、グッドイヤーの加硫ゴムが「タイヤ」として優れた性能を発揮するには、もう一人発明家が必要だった。それはジョン・ボイド・ダンロップである。それまでのタイヤは固形ゴムだったため、わずかな凸凹で衝撃があり、車体を痛めやすく乗り手も疲れてしまうものだった。そこでダンロップが考えたのが、中に空気を入れることで衝撃を吸収できる構造のタイヤであった。*27

水上機や特攻機の桜花など、特殊なものを除けば、現在でも飛行機はタイヤ無しには離着陸ができない。ただし、タイヤは離着陸時には必要不可欠であるものの、飛行中は大きな抗力を発生させるのでむしろ逆に邪魔者でもあった。そこで一九三〇年代初頭から、引き込み脚、すなわち離陸したらすぐにタイヤを胴体内部に格納する技術の開発も始まり、それもまた飛行性能の向上に貢献したのである。

一九三〇年頃までは飛行機のボディは木と布で作られるのが普通だったが、やがて金属製のものがあらわれる。その際に多く使われたのがアルミニウム合金である。[*28]軽くて丈夫なアルミニウムは一九世紀前半にはすでに知られていたが、量産が可能になったのは二〇世紀に入ってからであった。またアルミニウムそれ自体には素材としての弱点もあったので、さまざまな物質を混ぜることで、より望ましい性質にする実験が繰り返された。やがて、銅やマグネシウムやマンガンを加えると大幅に強度が上がることがわかり、それはジュラルミンと呼ばれるようになった。その後、さらに強度のある超ジュラルミン、そして超々ジュラルミンも誕生し、後者はゼロ戦のボディの重要な部分に使われたことでも知られている。木材は熱や湿度の影響を受けて歪むので、飛行機の性能を大きく制約していた。そのため飛行機が金属で作られるようになったことは画期的な進歩であり、つまり新しい素材の登場が飛行機の性能向上に直結したとも言える。現在の最新鋭の戦闘機F22ラプターの構造材の四〇％はチタン、二四％は熱硬化性複合材、一六％がアルミニウムで、鉄は六％しかなく、残りの一四％はその他である。旅客機のボーイング787では、重量の五〇％が炭素繊維などの複

＊27　佐藤健太郎『世界史を変えた新素材』新潮選書、二〇一八年、一三三～一三九頁。

＊28　初めての全金属製飛行機はフーゴ・ユンカースによって第一次大戦中に開発されているが、それは鉄製だった。また、ジュラルミンは、飛行機よりも先にツェッペリン飛行船の骨組みに使用されている。

合材、二〇%がアルミニウム合金、一五%がチタン合金で、残りはその他である。[*29]

透明な樹脂とナイロン

軽量な金属に加えて、透明な樹脂の登場も飛行機の形を大きく変えた。ライトフライヤーはパイロットが全身をむき出しの状態で操縦するものだったが、一九三〇年代には密閉コックピットも普通になった。現在では軍用機にも旅客機にも、風防やキャノピーには軽くて丈夫なアクリル樹脂やポリカーボネート樹脂が使われている。第二次大戦時は、アクリルは飛行機の風防くらいにしか使われない貴重な軍用資材であり、一般の人々の目には透明なのに軽くて割れない不思議な素材に映った。アクリルが開発される以前の飛行機の風防は、振動や衝撃で割れないようにするため、二枚の無機ガラスをセルロイドで張り合わせるなどしていたようである。だがそれでは重量がかさんでしまうし、日光で黄変したりするし、流面形に整形するのも難しい。日本でアクリル樹脂を作り量産できるようになったのは一九三八年からで、太平洋戦争が始まるわずか三年前であった。そのため、それはすぐに軍需品に指定され、生産されたほとんどが軍用機の風防に用いられたようである。[*30]

こうした新しい素材の例は枚挙にいとまがないが、もう一つあげると、ナイロンも重要だ。現在では、ブーツ、ベルト、バックパック、防弾ベストなど、こまごまとした装備品はナイロンが用いられた製品ばかりだと言っても過言ではない。ナイロンは一九三五年にウォレス・カロザースが発明したポリアミド系の合成繊維で、一九三八年からアメリカのデュポン社によって製造されるようになった。その特徴としては、高い引張り強さ、低い弾性率、低い吸水率、高い耐摩耗性などがあげられ、現在ではバッグ、靴、歯ブラシ、ギターの弦、スポーツ用品など、さまざまなものに使われている。だがこれが発明・生産された時期はちょうど第二次大戦が始まるころだったので、すぐに軍事利用されることになった。空軍の関連では、ナイロンはパラシュートの素材、そして軍用機タイヤの補強材などとしてもちょうどいいものとして採用されたのである。

このように、飛行機そのものの発展もさることながら、ゴム、アルミ合金やその他の金属、透明な樹脂、ナイロンなど、さまざまな新しい「素材」の登場も、かなり直接的に飛行機の改良・発展に大きく貢献し、つまり戦争に役立てられてきたわけである。

＊29　アンダーソンJr.前掲書、四一一頁、四七六頁を参照。
＊30　小倉磐夫『カメラと戦争──光学技術者たちの挑戦』朝日文庫、二〇〇〇年、七二～七五頁。

飛行機を前提とした焼夷弾

第二次大戦では飛行機から爆弾や焼夷弾が大量に投下され、その究極に原子爆弾があった。現在では、核兵器といえばミサイルに搭載して目的地に飛ばすという使用法が想定されているが、一九四五年の時点ではまだ核弾頭を搭載できるミサイルはなかったので、人が操縦する爆撃機で運搬し、目的地上空で投下された。つまり、原爆はあくまでも飛行機があって初めて使用可能になる兵器だったのである。

同じ戦争でアメリカ軍が日本に大量に投下して「焼け野原」にした焼夷弾（M69焼夷弾）は、長さ約五〇センチで断面が六角形の鉄パイプのなかにゲル状ガソリンを詰めたものである。それは三八本を一セットとして専用ケースに入れられており（クラスター弾）、爆撃機から投下されると、高度約六〇〇〜七〇〇メートルで自動的にバラバラになって、広範囲に散開して地上に降り注ぐという仕組みになっていた。一機のB29爆撃機には、この三八本の焼夷弾を詰めたクラスター弾を四〇発搭載することが多かったようなので、一回の爆撃で投下された焼夷弾は一五二〇本だったことになる。

これら焼夷弾は、人が手で投げることはできないし、自動車から発射することもできない。これらも、あくまでも飛行機で用いることを前提とした兵器であり、飛行機なしにはありえなかった。基本的に爆弾類は、飛行機と連続した存在だとみなしてもいいだろう。

機銃を飛行機に搭載するための工夫

「戦闘機」というと、空を飛びながら機銃を発射して敵機を撃ち落とす様子を思い浮かべる人が多いであろう。だが、飛行機に機銃を搭載するというのは、簡単そうに見えるが、当初は意外と難しかったようである。というのも、二〇世紀初頭の飛行機はまだエンジンの馬力が小さく機体も華奢だったので、左右の翼の内部に重たい機銃を搭載することはできなかった。そのため、機銃を設置する場所は飛行機の中心線上、すなわちパイロット座席の前にならざるをえなかったが、それはつまり、回転するプロペラの手前に設置した機銃から弾丸を発射することになるので、発射された弾丸が自機のプロペラを破壊してしまうという問題があったからである。

この問題を解決したのは、オランダ人のアントニー・フォッカーであった。フォッカーが発明したのは、プロペラ同調式機銃発射装置である。それは簡単に言えば、機銃とプロペラの軸をギアで連関させ、回転するプロペラの羽が銃口の真正面にくるときは弾丸が発射されないよう制御し、プロペラの羽と羽の間からのみ弾丸が撃ち出されるようにした装置である。これを装備したドイツ軍のフォッカーEⅠ～EⅢシリーズの戦闘機は第一次大戦で他国を圧倒した。だが、次の第二次大戦時には、世界各国の戦闘機がさらに改良された機銃発射装置を標準装備するようになっていた。

また、機銃から発射される弾丸そのものにも工夫が重ねられていった。さまざまなサイズの弾丸があるというだけでなく、性能面でもいろいろな種類のものが発明されていったのである。例えば曳光弾である。発射される銃弾は非常に速いので、人間の目にはほとんど見えない。そこで第一次大戦時中、発射と同時に光を発しながら飛んでいく曳光弾というものが発明された。特に機関銃で射撃をする際に、数発に一発の割合で曳光弾をまぜておくと、連射した際に弾道が光の線になって見えるので射手は狙いを定めやすくなる。これは弾道の確認のみならず、相手に対する警告のサインや威嚇としても用いられ、飛行機から発射する弾丸としては非常に便利な技術であった。発射した弾丸を発光させるためにはどういう物質を使うとよいかという化学の知識も、戦争を支えたわけである。

新たに求められた照準器

飛行機からの射撃が当たり前になると、それを正確におこなうための照準器も求められるようになっていった。第一次大戦末期から、長い円筒形の「望遠鏡式照準器」が使われるようになった。ただしこれは、パイロットの目の前に設置されるため、通常飛行時の視界が妨げられるうえ、射撃の際は顔を前に突き出して片目で覗《のぞ》き込むという不自然な姿勢をとらねばならなかった。またその視野は狭く、照準器の一部が風防の外に突き出ているため気温差でレンズが曇りやすいとか、空気抵抗がばかにならないとか、他にもさまざまな問題があった。

そこで、あらたに「光像式照準器」と呼ばれるタイプが登場する。それは電球で光らせた十字線や同心円状の照準パターンを、四五度に傾斜した反射ガラス板を使って映し出すものであった。パイロットは普通に着座した状態で、両目を開けたまま目の前に浮かぶオレンジ色の十字線や同心円に敵機を重ねるように操縦すればよいだけになった。視界を妨げるものはほとんどなく、前のめりの姿勢で照準器を覗き込む必要もなくなったのである。これは一九三〇年代から広く使われるようになり、日本軍のゼロ戦などにもこうした照準器が搭載されていた。

飛行機は高速で空を飛びながら射撃をするわけだが、敵機もまた高速で移動している。弾丸は発射から着弾まで時間がかかるので、あらかじめ敵機との距離や自機の姿勢と速度などを計算して未来位置に向けて撃たなければ弾丸は命中しない。それを偏差射撃、ないしは見越射撃という。そこで一九四三年に実用化されたのが、光像式照準器に回転するジャイロを組み込んだ「ジャイロ式照準器」である。この照準器はジャイロを利用して照準を補正する仕組みになっているため、経験や勘に頼らなくても敵機の撃墜が容易にできるようになったのである。さらにその後、ジェット戦闘機の時代になると、ジャイロ式照準器にレーダーを組み合わせて、レーダーが標的を「ロックオン」するとコンピュータがその位置を算出し、より正確な照準情報を表示させられるようになった。

またさらに、一九六〇年代に開発・運用された戦闘機からは、コックピットの真正面にヘッドアップディスプレイ（ＨＵＤ）が追加装備されるようになった。それは一見したところ光像式照準器と似ているが、照準情報以外にも自機の状態などさまざまな情報を表示することのできる画期的なものであった。だが最近では、そうしたＨＵＤさえ過去のものになり始めている。現在では、パイロットがかぶるヘルメットのバイザーにさまざまな飛行情報が直接表示され、パイロットはいちいち計器類に顔を向けなくても必要な情報を得られるようになっているようである。

飛行機からの通信

ところで、先ほど、第一次大戦が始まるまで多くの国の軍隊は飛行機をあまり多くは導入していなかったと述べた。これは、当時の多くの人はまだ飛行というものを見慣れていなかったため、それをサーカスのような曲芸ないしは娯楽のようなものに過ぎないと思い込んだというのもある。だが、もう少し実際的な理由としては、当時は実用的な無線機がまだ発明されていなかったので、空を飛ぶことができても即座に情報を地上に伝えることができず、空からの「偵察」の効率はさほどよいわけではないと考えられた点も大きかったようだ。
とはいえ、空と地上との通信は、実は飛行機が発明される以前からいちおうなされてはいた。気球に初めて電信装置を持ち込んで、地上と迅速に連絡をとることに成功したのは一八六一年、南北戦争の時のことである。サディアス・ロウが係留された気球に乗って空に上がり、地上にいるリンカーン大統領に電信を打ってみせたのが、人類が空と地上とで直接的に通信をおこなった最初のものである。[*31]
だが同じ気球でも、自由飛行の際の通信手段としては、しばらくのあいだは伝書鳩を利用するしかなかった。例えば一八九七年に北極を目指した気球エルネン号には、さまざまな機材に加えて、三六羽の伝書鳩が積み込まれていたのである。飛行機の軍事的価値は、そこに実用的な無線機が積み込まれるようになったことで飛躍的に高まったとも言える。無線機が飛行機の価値を高めたとも言えるし、飛行機が無線機の価値を高めたとも言えるが、とにかく二つの組み合わせは非常に軍事的価値の高い物になったのである。

*31 コットレル、前掲書、一三五～一三七頁。

カメラと飛行機

飛行機に積み込まれることでそれまで以上の軍事的意義を獲得したものとしては、無線機や爆弾や機銃の他に、カメラもあげられる。[*32] 写真術は一九世紀半ばから普及し始めたが、カメラの性能が上がって飛行機にも持ち込めるようになると、飛行機は偵察という任務によってさらに自らの価値を上げていった。空からの偵察写真もまた、南北戦争時に気球から撮影されたものが最初である。第一次大戦でも飛行機から撮影した写真によって敵の塹壕の構成を知ることができ、効果的な砲撃が計画されるようになった。

軍用機から写真を撮っていた人物のなかで、おそらく世界で一番有名なのは、『星の王子さま』で知られるサン＝テグジュペリであろう。飛行機が好きで好きでしょうがなかった彼は、幾度も事故で大怪我をしながらも飛行機に乗り続けた。彼が最後に操縦していたのは、山本五十六の乗っていた機体を撃墜したことで有名なP38ライトニングという独特な形の戦闘機を写真偵察機に改造した機体（F5B）である。その飛行機は機首の機銃を取り外した部分に航空写真機を四台も搭載しているものであった。ちなみに、それらのカメラに用いられていたレンズは、現在ではコンタクトレンズなどで有名なボシュロム社製のものである。

冷戦時代から、アメリカはU2という高高度偵察機を飛ばして各地を撮影しているが、それには初期の機体でもカメラは真下に向けて一台、左舷斜めに三台、右舷斜めに三台と、合計七台も据え付けられていた。通常の旅客機は高度約一万メートルを飛ぶのに対して、U2はその倍の約二万メートルもの高さを飛ぶことができるので、それに搭載されたカメラを『ニューズウィーク』誌は「下界に向けた天体望遠鏡」と評したこともあった。[*33] 高性能なカメラやレンズを作る技術が軍事活動に貢献し、今もしていることは、否定しようのない事実である。

カメラは、実は偵察に用いられる以前、飛行機開発の段階でもすでに役立てられていた。一九世紀後半はさまざまな人物が空を飛ぶ乗り物の発明を競っていたが、その中の一人、ドイツのオットー・リリエンタールは、自らが製作したグライダーや飛行中の写真を多く残しており、その数は一〇〇枚以上におよぶ。これはそれまでの研究者にはなかった新しい点で、それらの写真が資料としてライト兄弟による飛行機の開発に生かされたことは間違いないと言われている。そしてライト兄弟自身も飛行機の実験にはカメラが不可欠だと考え、彼らは

＊32　写真術が普及したのは一九世紀半ばからで、戦争関連でもっとも早い時期の写真は一八四六～四八年のメキシコ戦争において士官や兵士を写したものだとされている。一八五五年のクリミア戦争でも写真家が戦場に行ったが、当時のカメラは大きく瞬間的に撮影できるものではなかったので、撮影されたのはやはり士官や兵士の肖像や戦場などで、激しい戦闘の場面ではなかった。

＊33　小倉、前掲書、九〇～九一頁。

当時としては非常に高価な大型カメラ「ガンドラック・コロナV」を購入している。[*34] 兄弟の初飛行をとらえた写真はジョン・T・ダニエルズによって撮影され、人類史に残る有名な一枚となった。

「組み合わせ」で武器になる

さて、このようにこまごまとした例を見ていくと、科学史家のメルヴィン・クランツバーグの議論を想起させられる。彼は技術の発展に関して、自ら「クランツバーグの法則」と名付けて次の四つの法則をあげた。すなわち、「1、技術は善でも悪でもなく、また中立でもない」、「2、発明は必要の母である」、「3、技術は大なり小なりパッケージとしてやってくる」、「4、技術は多くの公共的問題の重要な要素だが、技術政策上の決定ではしばしば非技術的な要因が優先する」、というものである。[*35] 彼は2の例として、自動車利用者の増大によって高速道路、駐車場、信号機、パーキングメーターなど副次的な技術が必要とされるようになったことなどをあげている。3の例としてはレーダーをあげ、その最終的製品は多くの構成要素から成っていてどの一要素が欠けても機能せず、それは異なる技術的要素を合わせて単一のパッケージにしていくという「箱詰め作業の産物」だと指摘している。クランツバーグが述べたこれらの「法則」は、武器や兵器について考えるうえでも参考になりそうだ。

ライト兄弟によって飛行機が発明されて以降、それを武器・兵器として活用するために、さまざまな物品が積み込まれてきた。機関銃だけでなく、望遠鏡のような何百年も前の技術による照準器から始まり、電球や反射ガラス板、ジャイロやレーダーを用いた照準器が発明され、さらにレーザー光とそれを受けるセンサーの技術を応用した機器、ハイテクなヘルメットなども誕生してきた。これらの機器は、それだけでは人を殺傷するものではないが、飛行機を用いて機銃やミサイルと連携させるために開発されたものである。飛行機をきっかけの一つとして、軽くて丈夫な金属が求められ、また透明な樹脂も求められ、車輪を格納する仕組みや、より強力なエンジンなども新たに考案された。無線機も、カメラも、飛行機に積み込まれることで「兵器」の一部となった。

こうしてみると、近現代の「武器」「兵器」の多くは、それ自体としては武器ではないようなさまざまな部品やパーツの「組み合わせ」ないしは「システム」として存立しているようにも思われる。例えば、現代的な「戦車」は一九一六年の「ソンムの戦い」でイギリス軍

＊34　マカルー、前掲書、一四九頁。
＊35　メルヴィン・クランツバーグ（橋本毅彦訳）「コンテクストのなかの技術」（新田義弘、丸山圭三郎他編集委員『岩波講座 現代思想13 テクノロジーの思想』岩波書店、一九九四年）二六一〜二八五頁。

によって初めて実戦投入され、それ以降改良を繰り返し、厚い装甲と旋回砲塔をもつ戦闘車両として発展してきた。だが戦車の特徴である履帯（キャタピラ）はそのために発明されたものではなく、すでにあった農業用トラクターからの転用である。「新兵器」というときの「新しさ」とは、すでにあるさまざまな技術やパーツの「組み合わせ」の新しさに他ならないとも言えるかもしれない。だがそれは、言い方を換えると、どんな部品も、どんなパーツも、「武器」「兵器」を構成する一部になりうるということでもあるだろう。

第3章

ネジ、工具、標準化

武器とものづくりの発想

武器の歴史、道具の歴史

ところで、そもそも人間はいつごろから「戦争の道具」を作り始めたのだろうか。「闘争」はほとんどの動物につきものであり、ヒトがヒトと争うこともそれ自体は珍しい現象ではない。だが、単なる個人的な喧嘩や、食料の取り合い、メスの奪い合い、小規模な縄張り争いではなく、集団的・計画的で統率された暴力行為としての「戦争」は、私たちの遠い祖先が誕生してからかなりの時間がたってからなされるようになった。具体的には、「戦争」は農業革命とそれによる定住生活によって始まったのではないかと考えられることが多い。文化人類学者のR・B・ファーガソンや、考古学者の佐原真なども、人類における戦争のはじまりを基本的には「定住生活」に求めている。[*1] もちろん、こうした議論においては、そもそも「戦争」をどう定義するかという問題がある。人類の戦争史の長さをどう考えるかについては諸説があるけれども、さしあたりそれを一万〜一万二千年間くらいとイメージするなら、「戦争の道具の歴史」の長さもだいたいそれと同じくらいと考えていいだろうか。

だが、狩猟の道具としての槍や弓矢はそれよりもはるか昔からあった。当然それらは「戦

＊1　佐原真（金関恕、春成秀爾編）『戦争の考古学（佐原真の仕事4）』岩波書店、二〇〇五年、一四九〜一六〇頁。

争の道具」としても用いられたはずである。動物を仕留めるための道具、あるいは動物を解体するための道具が戦時には同じ人間にも向けられたことも考えると、武器そのものの歴史は戦争の歴史よりもずっと長いことになるのではないかとも思われる。

現在のところ、最古の石器はエチオピアのハダールで出土したもので、二五〇万年前のものとされている。石器に入念な加工がなされるようになったのは一五〇万年ほど前からで、四〇万年前からは作業の目的別に専用の石器が作られるようになったと推測されている。叩いたり切ったり刺したりするそれらの原始的な道具は、敵とみなした人間に向けて使われたこともあったであろう。「ホモ・ファーベル」(工作人)という言葉もあるように、ヒトの最大の特徴を道具の使用・作成と関連付けるならば、結局人類史と武器史はほぼ同じ長さだと考えてもいいのではないだろうか。私たち人類は、善いか悪いかは別にして、常によりよい武器を求めながら進歩・発展してきたとも言えるかもしれない。

原始的な武器

おそらく最も原始的な武器は、そこらへんに落ちていた石・木・骨であろう。何かを叩いたり切ったりするのが「道具」の最も原始的な機能だと思われるが、それはそのまま「武器」にもなった。二足歩行する私たちの遠い祖先は、地面にころがっていた石や木や骨を手に取り、それでもって相手を叩いたり刺したりすれば、素手よりもはるかに有利に戦えることに気付いた。やがて、その拾った石や木や骨を使いやすい形状に加工したり、木の棒の先端に石を取り付けるなど異なる素材を組み合わせたりして、殺傷力を高めるさまざまな工夫をしていったのであろう。

化学兵器や生物兵器というと、最近の武器というイメージを持たれるかもしれない。だが、すでに紀元前五世紀のペロポネソス戦争のとき、スパルタの同盟軍は硫黄や松脂《まつやに》に火をつけることで発生する煙を「毒ガス」として用いていた。明の時代の中国でも、唐辛子を燃やした煙を今でいう催涙ガスのようなものとして使っていたようである。すでに述べたように、紀元前から毒へビや毒サソリを壺につめて投石機で敵陣に投げ込むとか、伝染病で死んだ人間の遺体や動物の死骸を敵の城壁の中や水源などに放り込むといったことはなされていた。化学や生物学について十分な知識のなかった時代も、経験的に効果がありそうだと思われたものは何でも武器にされてきたのである。

武器にはいくつかの分類方法がある。「衝撃武器」というのは、棍棒、剣、槍など、敵と手が届くほどの距離で用いられる武器であり、「投擲《とうてき》武器」や「射出武器」というのは、石、ブーメラン、弓矢、銃など、離れたところから物を飛ばしてそれを敵にぶつけるタイプの武器のことをいう。

いわゆる飛び道具は、大昔からあった。旧約聖書には、少年ダビデが巨体のペリシテ人戦士ゴリアトを倒すシーンがある。その際にダビデが用いた武器は、簡単な石投げ紐と小石で、その小石はダビデが川岸から拾ってきたものだと聖書には書かれている（『サムエル記（上）』一七章）。有名なミケランジェロのダビデ像も、石投げ紐を左肩にかけたポーズになっている。石投げ紐は非常にシンプルな道具なのでもっとも原始的な武器の一つに見えるが、人類はダビデより二万年以上も前からさまざまな飛び道具を用いていたようである。

アトラトルの意義

アルフレッド・W・クロスビーは『飛び道具の人類史――火を投げるサルが宇宙を飛ぶまで』のなかで、アトラトルの革命的な意義について触れている。アトラトルというのは、ダート（弓で飛ばす矢よりも大きな槍状のもの）を投げる際に使用する三〇～五〇センチほどの長さの単純な棒状の道具である。ダートを投げるにはもちろん普通に手で持って投げることもできるが、それでは飛距離や威力に限界がある。そこで、一方の端にわずかな突起を付けた棒状のものを用意し、その突起にダートの尾部を軽く引っ掛け、それとは反対側の端を持って、ダートの尾部を押し出すように投げるのである。すると、肩を中心として回転する腕の長さが倍増するのと同じになるので、投げるダートの速度や飛距離は飛躍的に向上する。人類は二万五〇〇〇年前、もしくはそれよりも前からこのアトラトルという道具を使っていたと推測されており、また地域的にも広く用いられていたと考えられている。

石で作られた矢尻は六万年ほど前のものが発見されているが、弓がいつごろ誕生したのかを特定することは難しい。一般にはせいぜい二万年前もしくは一万五〇〇〇年ほど前からと推測されているが、それよりはるかに古くからあったとする説もある。だがいずれにしても、道具の構造としてはアトラトルの方がはるかに単純である。こうしたものによって人類は、危険な動物や自分よりはるかに大きな動物も仕留められるようになった。アトラトルは長射程で威力があり、練習すれば命中率も高く、極めて単純な構造の道具だったので、あるジャーナリストはそれを「石器時代のカラシニコフ」とも呼んだという。

クロスビーは、そんなアトラトルの意義は旧石器時代に「道具」という概念に革命的な変化を生じさせたことではないかと述べている。アトラトルとダートを組み合わせて使うというのは、「人類が二つの取り外し可能なパーツからなる道具を作り始めたことを示している」のであり、これ以降、さらに多くのパーツからなる道具や装置が作られるようになったのではないか、というわけである。[*2] もちろんそれ以前から、木の棒の先に石器をはめて用いるといったことはなされていたので、複数の素材から一つの道具を作ることは全く珍しくない。だが、発射装置と飛翔体を別々に作り、二つの道具を組み合わせて運用するという点では、確かにアトラトルはかなり古い例の一つと言えるかもしれない。

武器のアイディアを残したダ・ヴィンチ

「火器」というのは銃や砲などの総称だ。それは火薬と金属に関する知識・技術を応用した武器であるが、その歴史は意外と古い。「大砲」が描かれている最古の図像は、ヨーロッパでは一三二六年、中国では一三三二年のものである。ただし、大砲と言ってもそれらはまだ今の私たちがイメージするようなまっすぐな円柱状の砲身ではない。砲尾が丸く太くて砲口が細い花瓶のような形のものであり、どの程度実戦で役に立ったのかは不明である。だが、それらは他のさまざまな発明品と比べると、誕生の時期は意外と早いようにも感じられる。というのも、一四世紀前半ということは、グーテンベルクの印刷機より約一〇〇年も前であり、水力紡績機の約四〇〇年も前であり、蒸気機関車による鉄道が開通する約五〇〇年も前だからである。その頃からすでに火薬でもって物を勢いよく飛ばす兵器が試行錯誤されていたのであるから、大砲はさまざまな「道具」「機械」のなかではかなり古い部類に入りそうである。近代的な大砲は、さしあたり一五世紀半ばから後半にかけて、つまりルネサンスの中期にはおおむね完成していたとみてよい。

ルネサンスの時期は、美術・建築・文学だけでなく、武器も大きく発展した。有名なのはレオナルド・ダ・ヴィンチである。彼は三〇歳のときにフィレンツェからミラノに移るが、その際に彼がミラノ公のルドヴィコ・スフォルツァに宛てて書いたとされる手紙はよく知られている。というのも、その手紙でダ・ヴィンチは、自らを軍事技術者として売り込んでいるからである。彼はそこで、「軽くて丈夫な橋のアイディア、および敵の橋の破壊方法」「攻城戦で役立つ攻撃用・防御用の兵器」「城や砦を攻略する方法」「榴散弾とそれを撃つ持ち運びが容易な臼砲《きゅうほう》」「海戦用兵器と砲撃戦に耐えられる船」「敵陣を突破できる装甲車」などを知っている、とアピールしている。

その他に残された手稿でも、ダ・ヴィンチは投石機、弩《ど》、多銃身砲、榴散弾とその発射機、戦車などのアイディアを絵にしている。さらに文章でも、要塞、海戦、潜水服、大砲などについて触れ、さらには現在でいうところの火炎放射器や火炎瓶で用いる燃える液体の作り方、そして催涙ガスのようなものの作り方についても書き残しているのである。[*3]

＊2　アルフレッド・W・クロスビー（小沢千重子訳）『飛び道具の人類史――火を投げるサルが宇宙を飛ぶまで』紀伊國屋書店、二〇〇六年、六二頁。

＊3　ダ・ヴィンチの軍事技術についてはさまざまな資料や研究があるが、さしあたりは、『レオナルド・ダ・ヴィンチの手記』（下）（杉浦明平訳、岩波文庫、一九五八年）二八二～二八九頁などを参照。

ダ・ヴィンチの武器に「独創性」はなかった

一般には「モナ・リザ」や「最後の晩餐」のイメージが強いダ・ヴィンチが、実は軍事技術のアイディアも多く残していたということについては、彼が「万能の天才」であったことをあらわす一面として紹介されることが多い。しかしダ・ヴィンチの時代には、彼の圧倒的な知名度の影に隠れてしまっているだけで他にも優秀な工学者・技術者が数多くおり、実はダ・ヴィンチ自身は決して軍事の方面で突出していたわけではなかったようである。戦車、大砲、潜水服、組み立て式の橋など、さまざまな戦争の道具については、彼以外にも多くの人がさまざまなアイディアを書き残していることがわかっているからである。

例えば、グイド・ダ・ヴィジェーヴァノというダ・ヴィンチより一七〇年も前の医者がいる。彼は築城や武器についても詳しく、戦争の道具に関する本を残しており、そこで彼は攻撃櫓や牛に引かせる戦車のアイディアも示している。ドイツのコンラート・キーザーも、ダ・ヴィンチより一〇〇年近くも前の人物だが、図版を主とした兵器のカタログのような書物を残し、そのなかですでに、兵士を運ぶ装甲車、武装した戦車、連射砲、折りたたみ式の橋、さらに潜水服のようなものまで載せている。[*4]

ダ・ヴィンチより約一〇歳年上のフランチェスコ・ディ・ジョルジョ・マルティーニは、軍事工学者であり同時に建築家でもあった。彼は城塞を設計し、多くの武器、水力タービン、歯車装置などのデッサンを残したが、注文に応じて絵を描いたし彫刻もしたのである。武器の設計と芸術の才能をあわせもっていた点で、彼はダ・ヴィンチともよく似ているが、現にダ・ヴィンチは彼と会ったこともあり、その著書も所有していた。技術史家のベルトラン・ジルは、ダ・ヴィンチが残した武器のデッサンはフランチェスコ・ディ・ジョルジョの模倣であるとも指摘し、「レオナルド・ダ・ヴィンチの武器がなんら独創性をしめしていないのは明白である」[*5]と述べている。美術史家のケネス・クラークも同意見のようだ。

ダ・ヴィンチより三〇歳ほど若いイタリア人で、ヴァンノッチョ・ビリングッチョという人物がいる。彼は採鉱や冶金《やきん》技術において優れており、著書『ピロテクニア』では鉱石を熔解して金属を取り出す方法や、青銅の鋳造法などについて解説しているが、大砲の製造方法についても詳細に記述しており、その後の軍事技術に大きな影響を与えたとされている。ダ・ヴィンチから八〇年ほど後、アゴスティーノ・ラメッリという人物は、一九五枚もの銅版画を含む『種々の精巧な機械』という本を出版したことで知られている。そこで紹介されてい

*4　コンラート・キーザーの軍事技術図画集『ベリフォルティス』は、全ての図像をドイツの大学図書館など複数のインターネットサイトで閲覧可能である（Bellifortis, Konrad Kyeser などで検索）。
*5　ベルトラン・ジル（山田慶兒訳）『ルネサンスの工学者たち――レオナルド・ダ・ヴィンチの方法試論』以文社、二〇〇五年、二〇三～二〇四頁、三〇二頁。

る道具の大半は平和目的の物だが、なかには攻城用機械、折り畳める渡河用の橋、投石器、巨大な弩、かんぬきや鉄格子や城門の落とし格子などを壊すためのやっとこやスパナ、扉を蝶番《ちょうつがい》から引き剥がすジャッキなど、「侵入用工具」も多く含まれている。[*6]ラメッリは、もともとフランスやイタリアで軍事技術者として仕えていた人物なのである。

ダ・ヴィンチのように芸術家であると同時に軍事にも関わっていたという点では、ミケランジェロも同様である。システィナ礼拝堂の壮大なフレスコ画「最後の審判」や、巨大な「ダビデ像」などで有名なミケランジェロは、一方では砲術や築城術に精通した人物とも見なされていた。[*7]当時、職人や画家や彫刻家や建築家は、すなわち技術者であり、技術者である以上は軍事に関わるのも普通のことであった。この時代に武器が発展したのは、さまざまな軍事技術が書物に記されて流通し、その情報が広められ、継承されていったという点も大きいだろう。ダ・ヴィンチも、そうした軍事技術の書物を参照したり、あるいは書き残したりした多くの人々のなかの一人だったのである。

アルキメデスの武器

科学、技術、その他の何かに秀でた者が同時に軍事技術者でもあったというのは、何もルネサンス時代のイタリアに限った話ではない。こうした例は、彼らより一七〇〇年も前、紀元前三世紀のアルキメデス（前二八七〜二一二年頃）か、あるいは彼よりもっと前にまでさかのぼることができる。『レオナルド・ダ・ヴィンチの手記』でも、大砲に関する記述のところではアルキメデスについて言及されている。*8 それによれば、アルキメデスの大砲というのは、銅で造られた大きな筒にふたをして炭火で熱し、内部の水蒸気を一気に解放することですさまじい轟音《ごうおん》とともに砲弾を発射するものだったという。アルキメデスはシラクサ攻囲戦の際に、二〇〇キロもの岩を飛ばす投石器、船を転覆させる罠、太陽光線を集めて敵の船を燃やしてしまう鏡を応用した兵器なども考案していた。敵のローマ軍はアルキメデスの軍事技術上の能力に称賛を惜しまず、彼が死んだとわかると、ローマの元老院も人民もみな哀悼の意を表したと伝えられている。

ところで、アルキメデスの発明で有名なものの一つに、揚水用の水ネジがある。直径約三〇センチ、長さは約四メートルもある巨大なネジを木製の円筒に入れたもので、それを回

---

*6　ヴィトルト・リプチンスキ（春日井晶子訳）『ねじとねじ回し――この千年で最高の発明をめぐる物語』ハヤカワノンフィクション文庫、二〇一〇年、五四頁。
*7　白幡俊輔『軍事技術者のイタリア・ルネサンス――築城・大砲・理想都市』思文閣出版、二〇一二年、三九頁などを参照。
*8　『レオナルド・ダ・ヴィンチの手記』（下）二八五〜二八六頁。

すと低いところから高いところへ水を汲み上げることができる。ヴィトルト・リプチンスキは『ねじとねじ回し』のなかで、これを「人類史上初めて螺旋《らせん》が使われた例」だとしたうえで、アルキメデスこそ「ネジの父」であると結論付けている。[*9] だが、ネジポンプはアルキメデス以前からエジプトで使われていたという説もあり、ネジそのものの発明者としても、その栄誉はアルキメデスより一〇〇年以上前のアルキタス（前四三〇〜三六五年）に帰せられるべきだとも言われている。彼は円筒面内での三次元螺旋曲線（アルキタス曲線）を考案したというのがその根拠である。[*10]

誰が発明者であったのかはともかく、「ネジ」は道具や機械を構成する部品のなかで最も古くからある基本的なものの一つであることは間違いない。ネジは紀元前からプレス機（果物や木の実を潰して絞る機械）などとして応用され、人間の筋力をはるかに超える大きな力で物を加工することに用いられてきた。後の印刷機もこの技術の応用だとされている。

武器を構成する基本的な部品

一七三五年生まれのジェシー・ラムスデンという人物は、極めて精密なネジを作ったことで知られている。当時はほとんどの器具職人が木製の棒旋盤を使っていたが、ラムスデンは総金属製の卓上旋盤をつくり、さらにカッターの先端にダイヤモンドを付けた。彼はそれによって四〇〇〇分の一インチという高精度のネジを作り、それがさまざまな精密機器に用いられるようになっていったのである。

リプチンスキによれば、ラムスデンの仕事が最も強く影響したのは航海機器の「六分儀」だという。六分儀とは水平線と天体の角度などを測る道具だが、彼の精密なネジによって従来よりもはるかに正確な目盛りを刻むことができるようになったため、地球上で船の位置は誤差わずか三〇〇メートルの正確さで割り出せるようになったのである。[*11]「六分儀」は直接的には人を殺傷する道具ではないが、それによって航海技術が進歩したのだから、すなわち海軍の活動に貢献したことにもなる。[*12]

二一世紀現在においても、ネジが無かったら複雑な機械製品は作れない。現在のドローンも、ミサイルも、イージス艦も、ステルス爆撃機も、ネジ無しにはありえない。ネジこそ近代兵器を支えている最も根本的な部品だと言っても過言ではないだろう。

＊9　リプチンスキ、前掲書、一六八頁。
＊10　日本機械学会編『新・機械技術史』丸善、二〇一〇年、五二頁。
＊11　リプチンスキ、前掲書、一一六頁。
＊12　六分儀、およびその他航海で用いられる道具や技術については、J・B・ヒューソン（杉崎昭生訳）『交易と冒険を支えた航海術の歴史』（海文堂、二〇〇七年）などを参照。

『メカニカ』を著したヘロン（一世紀頃もしくはその前後に活躍、生没年不明）は、こうした「ネジ」に加えて「てこ」「滑車」「輪軸」「くさび」の五つを、機械を構成する基本的な要素だとしている。他にも、思いつくままに挙げるなら、車輪、歯車、バネなども機械の部品として根本的なものであろう。回転運動を往復運動に、もしくは往復運動を回転運動に変える「クランク」という機構があるが、これはすでに三世紀には用いられていたようだ。それは水力を用いた食品加工から蒸気機関車まで、さまざまな用途に応用されてきた。複滑車や巻上機も、極めて原始的な構造のものではあるが、重い荷物を少ない力で持ち上げたり移動させたりするのに便利な手段として、ピラミッドの時代から用いられていた。これもまた、投石器、クロスボウ、あるいは城塞建築や軍艦への荷物の積み込みなど、軍事においても当然利用されたわけである。私たち人類の「軍事技術」は、究極的には、ネジ、てこ、滑車、輪軸、くさび、バネ、歯車などにまでさかのぼることになる。

ものを作るための道具

よほど原始的なものでない限り、武器というのはさまざまな部品や原理の組み合わせである。銃という武器を構成しているのも、バネ、てこ、歯車、そして製鉄技術や化学技術など、個々の部品や要素は古くからあったものだ。それらの組み合わせの新しさによって「新兵器」

になったのである。そしてまた、作り方においても、もとは別のものを作っていた技術が新しい武器の製作に応用される、というのがむしろ普通のパターンであったようである。

例えば、ウィリアム・H・マクニールは『戦争の世界史』で、大砲という大きな金属の鋳物を作る技術は、皮肉にも、平和を祈るはずの教会の鐘を作る職人の技術とも不可分であったことを指摘している。[*13] また、ベルトラン・ジルは『ルネサンスの工学者たち』で、大砲はブロンズ像を作る芸術家の仕事とも連続していたと述べている。[*14] 武器の製造、軍事技術は、それ自体として純粋独自に存在しうるものではなく、その時代にある技術や知識の応用の仕方、組み合わせの仕方に他ならない。

古代も現代も、武器・兵器は棍棒や弓矢や剣のように片手で持ち運べるサイズのものもあれば、巨大な投石器や空母や潜水艦など、製作というよりは「建造」という言葉がふさわしいようなものもある。だが、いずれにしても、それらを作り上げるのに必要なのは、優れた工具である。工具の歴史というのも詳しく見ていこうとするとそれだけで大きなテーマにな

＊13 ウィリアム・H・マクニール（高橋均訳）『戦争の世界史——技術と軍隊と社会』（上）中公文庫、二〇一四年、一七六頁。
＊14 ジル、前掲書、一三九頁。

るが、のみ、のこぎり、かんな、直角定規、水準器など、基本的な工具はすでに何千年も前からあり、それらがあったおかげで新たな武器が作られ、また新たな武器を作る過程でそれらの工具も洗練されていったと考えられる。

しばしば、テクノロジーによって武器が進化した、と言われるが、武器よりも前に、あるいはそれと同時に、武器を作る工具が洗練されていったことは極めて重要である。歴史学者のジョン・エリスは、生産技術の発展における重要な副産物として、工作機械の出現を挙げている。精密に加工できる旋盤、ドリル、やすりなどによって、縫い針から大砲まで、ものづくりは職人の手を離れて生産ラインで行われるようになった。それによって部品の誤差は従来よりもはるかに小さくなり、各部品をきっちり組み立てることができるようになった。[*15]設計図に描かれたことをそのまま実体化することができるようになったのである。工作機械の発展が武器の発展をさらに加速させたのは確かで、エリスがそれを指摘したのは、まさに『機関銃の社会史』という本においてであった。

軍事がものの作り方を変えた？

この工具の進歩、特に工作機械の誕生と発展は、ものづくりの根本的な発想の変化とも表裏一体だった。ものを作る際の新しい発想として革命的だったのは、「互換性」および「標準化」という考え方である。現在は機械が壊れたら、全体を取り替える必要はなく、壊れた部品だけを取り替えればいい。「互換性」があるからだ。また、乾電池や電球のサイズ、パソコンの周辺機器やシャープペンシルの芯など、現在の私たちの身の回りのさまざまなものには「規格」があり、モデルやメーカーが違っても共通して使える部品や消耗品が用意されている。こうした「互換性」や「標準化」というのは、現代の私たちにとっては当たり前のものであるが、その誕生と実践は、実は武器の製造と深く関わっているのである。

橋本毅彦は『「ものづくり」の科学史——世界を変えた《標準革命》』で、「互換性技術の発展と標準化の普及を歴史的に追うと、その要所要所で戦争とのかかわりが大きな役割を演じてきたことが見てとれる」[*16]と述べている。橋本によれば、フランスで互換性技術が発達したのは故障した武器を戦場で応急修理するのに便利だったからであり、アメリカで互換性技術が発展し、製造現場でそれを実現させることができたのは軍の後ろ盾と軍人的な労働規律の強制があったからだという。そして、製造の分野や地域の違いをこえて全米で標準規格が

*15 ジョン・エリス(越智道雄訳)『機関銃の社会史』平凡社ライブラリー、二〇〇八年、二九二～二九三頁。
*16 橋本毅彦『「ものづくり」の科学史——世界を変えた《標準革命》』講談社学術文庫、二〇一三年、二五八頁。

普及・発展したきっかけは第一次大戦であったというのである。

もちろん戦争と武器製造以外にも重要な背景はあるが、それらが極めて大きな要因であったことは確かである。この点について、以下では橋本の本を参照しながら簡単に見ておきたい。

「互換性」という発想

互換性のある部品から銃を作るという考えは、早くも一七二〇年にフランスのギヨーム・デシャンによって試みられていた。デシャンの試みは技術的には成功したようだが、通常の五倍のコストがかかってしまったため、当時の陸軍兵器製造責任者だったフロラン・ジャン・ド・ヴァリエールによって却下されてしまった。といってもヴァリエールは互換性の意義をわかっていなかったのではなく、むしろそれをよく理解していたし、求めてもいた。ただし、ヴァリエールの念頭にあった「互換性」は、銃の発火装置そのものであって、彼はまだ発火装置を構成する一つひとつの部品の互換性までは必要ないと考えていたようである。

だが、同じ頃、軍事技術者のジャン・バティスト・ヴァケット・ド・グリボーヴァルは軽量で移動が容易な大砲を中心とした兵器体系を作り上げようと考えており、その際に彼が重要だと考えるようになったのは、ヴァリエールは不要だとしたような個々の部品に互換性を持たせることであった。グリボーヴァルが具体的に製造方法を考えていたのは砲車であるが、彼は砲車を壊れにくくすることではなく、修理しやすくすることを考え、そのために目をつけたのが、「部品の互換性」だったのである。彼の方針に従って、どの製作工場で作っても同一の砲車になるよう、ゲージ、工具、測定器具が各工場に配備され、軍に雇われ「軍人」として雇用された職人たちは一〇分の一ミリの精度で製作を命じられた。部品に互換性をもたせるという製造方法は、最後の組み立て段階であらためてヤスリ掛けをする必要がほとんどなくなり、製造時間を大幅に短縮できるという効果も生んだ。こうしてグリボーヴァルは、砲車の製造でうまくいった互換性部品に基づく製造方式を他の兵器にも適用していこうと考えたのである。

グリボーヴァルと技術者のオノレ・ブランは、一七七七年制式マスケット銃を製造するにあたり、それを構成する部品を寸分違わぬよう精密に作り、互換性をもたせようと試みた。彼らは生産をまかせたサンテチエンヌの町の職人たちに、ゲージや固定器具などを用いて金属の加工形成を進めるように指導したのである。ところが、職人たちはそうしたやり方に抵抗をした。数学やその他自然科学に基づいた合理的な設計生産方法は、軍人として雇われたわけではない一般の職人や労働者には受け入れ難かったのである。

橋本はここに「マスケット銃の製造をめぐって、伝統的方法と革新的方法との対立とともにに、二つの方法に与する者同士の権限の対立が現れている」と指摘している。それは「技術学校で訓練を受け砲兵隊の技術将校であったエリート技術者と、伝統的な鉄製品・武器の製造と販売に携わっていた職人や商人との間の対立でもあった」という。[*17] こうした文化的・社会的な背景から、せっかくフランスで芽生えた革新的な製造方法は、この地ですぐには定着・発展することがなかったのである。

アメリカで発展した部品の「互換性」

ところが、そのすぐ後、フランス大使としてアメリカからトマス・ジェファーソンがやって来た。彼はオノレ・ブランによる互換性部品からなる銃の製造方法を見学し、それにたいそう感心したのである。ブランはジェファーソンの前で、バラバラにした五〇個の部品から発火装置を組み立てて、互換性をもつ部品から成る銃とはどのようなものかを実演してみせた。ジェファーソンはそれをみて、部品に互換性があれば修理も非常に楽になることに気付き、驚いたのだった。彼はこの製造方法の重大な価値を瞬時に理解したのである。こうしてジェファーソンは、ぜひ自国で互換性部品からなる武器の製造を実現したいと考えるようになった。そんな彼には理解者、協力者も現れ、ウェストポイント陸軍士官学校でもグリボーヴァルの理念にのっとった教育がなされるようになった。

一八世紀末には工廠《こうしょう》も設立されて兵器製造の準備が始まるが、その際に政府が契約を交わした一人に、イーライ・ホイットニーという人物がいる。ホイットニーは政治家や官僚を前にして、自分の製作する銃が互換性をもつことを示す派手な実演会もやってみせたようだ。そうした実演会が語り継がれて、アメリカで互換性技術を完成させたのはホイットニーだと言われるようにもなった。しかし、それは「伝説」であって、実際には彼の技術はまだ十分な互換性をもっておらず、契約したとおりに銃を納入することもできなかったようである。[*18]だが政治家や官僚たちは互換性技術に固執し、それをあきらめなかった。その理由はやはり「修理のしやすさ」にあった。部品が互換性をもっていれば、壊れた部品だけを取り替えればよいからだ。橋本によると、まだ当時の人々の頭には、互換性部品を量産してコストを下げるという発想はなかったようで、経済性よりもまずは軍事上の利便性が優先されたようである。「互換性技術、標準部品の製造技術」は「市場経済の中からよりも、まずはコストを

＊17　同書、五〇～五一頁。
＊18　イーライ・ホイットニーが互換性部品をもつマスケット銃を生産したというこれまでの説が事実とは少々異なる点については、L・T・C・ロルト（磯田浩訳）『工作機械の歴史――職人の技からオートメーションへ』（平凡社、一九八九年）一七七～一七八頁、および、オットー・マイヤー、ロバート・C・ポスト編著（小林達也訳）『大量生産の社会史』（東洋経済新報社、一九八四年）二六～二七頁、などを参照。

度外視した軍事技術の中から生み出された」[*19]のである。

一九世紀に入って、アメリカでは複数の工場で兵器製造がなされるようになる。だが互いに数百キロも離れた工場では、それぞれで同じ型の銃を作ろうとしても、互換性を維持することは極めて難しかった。互換性をもつ部品をたくさん作るには、工作機械の助けを借りて半自動化した製造法を編みだす必要があるとわかってきたのである。こうして、銃身を回転させて切削する機械や、銃床（木製の肩当て）を切削《せっさく》加工する機械などが製作され、工場に導入された。互換性部品の製造は、こうした専用工作機械によるところが大きい。

労働慣習と工作機械

ただし、工作機械を導入しただけで全てが変わったという単純な話ではなかった。先ほども述べたように、フランスでは昔ながらの職人が従来の製造方法を変更することに抵抗して、互換性部品の製造が定着しなかった。精密に部品を製造してそれを正しく組み立てるには、職人や工場労働者のそれまでの労働慣習を変えて、厳しい規律に従わせる必要があったのである。橋本によると、アメリカの工廠ではそれまでの伝統的でゆったりとした仕事の仕方や労働慣行を取りやめて、作業員たちに対して「軍隊的強制」と言ってもいいような労働上・生活上の規律を厳格に課した。技術それ自体の改良だけではなく、それを実行する人たちをとりまく制度や慣習も無視できない要因だったのである。

サミュエル・コルトというアメリカ人の名前は、回転式拳銃、いわゆるリボルバーの開発者としてよく知られている。コルトがその特許をとったのは一八三五年であるが、当時のものはまだ部品の精度が低く、不完全なものだった。そこで彼は、品質を向上させるために精密加工ができる工作機械の導入を考え、優れた機械工の手も借りながら、最終的にはほぼ互換性をもつ拳銃を生産できるようになった。そんな彼の銃は、一八五一年にロンドンで開かれた第一回万国博覧会で展示され、注目を集めた。イギリス政府もコルトの銃の完成度に驚き、調査委員会を組織してアメリカに派遣し、その製造技術を調べさせた。その結果、互換性部品は同じ形状の工作だけをする多数の「専用工作機械」によって製造されていることに特徴があることがわかり、そうした製造方法は「アメリカン・システム」と呼ばれるようになった。当時はクリミア戦争が始まろうとしていた時期であったため、イギリスでは大量の武器が必要とされつつあった。そこで、イギリスでも「アメリカン・システム」が採用されることになり、調査委員会はアメリカで多数の工作機械を購入し、それを持ち帰って武器の製造施設を作ったのである。

*19　橋本、前掲書、五七頁。

その後も、新たな工作機械が誕生し、また改良が重ねられ、互換性部品の製造方法は進化を続けた。互換性技術はフランスの軍需産業で産声を上げ、実質的にはアメリカの軍事産業で育ち、それから耕耘機、時計、タイプライター、ミシン、自転車、自動車など、さまざまな民生品・非軍事用品の製造業者に移植されていったというわけである。[*20]

「互換性」から「標準化」へ

同じモデルの製品であれば、それに使われている全ての部品は異なる個体とのあいだで交換が可能である、というのが当初考えられていた「互換性」であった。異なるモデルや全く別の製品とのあいだでは、部品の交換はできない。だが、せめて「ネジ」のような基本的な部品くらいは、違うモデルや違う製品とのあいだでも交換ができれば便利である。それは修理の際に好都合であるのみならず、それぞれを製造するうえでも効率的だからである。そうした考えから生まれたのが「標準化」(ないしは「規格化」)という発想である。

イギリスのヘンリー・モーズレーは、一九世紀初頭に、精密に長さを測れるマイクロメーターを作っている。それは一インチを正確に一〇〇等分したネジ山を切り、その一周を正確に一〇〇等分することで、一万分の一インチまで測ることができる驚異的なものだった。そんな彼は、自分の工場で使うネジを標準化することを考え、ねじの大きさやピッチによっていくつかの種類を定め、それらを量産してストックするようにした。やがてイギリスの各工場も、それぞれで標準のネジをもつようになっていったが、それらのサイズなどはまだ各工場でバラバラだった。つまり、各工場のなかでは互換性があったが、工場間での互換性はなかったのである。

そこで、ジョセフ・ウィットワースはネジの規格を全国的に統一できないかと考えた。彼は全国の工場からネジを取り寄せて分析することで、その標準的な形状を生み出そうとしたのである。それらは当然バラバラだったわけだが、どれを標準とすればいいか明確な根拠も見つからなかったので、最終的にウィットワースはそれらの平均をとって、ネジ山の角度を五五度とすることなどを提唱した。これは一八四一年のことである。後にウィットワースは、ネジに限らず、機械技術によって作り出されるすべての製品について、いくつかのサイズを段階的に設定し、それらの製品を標準モデルとして指定すべきだと主張した。例えば、当時のイギリスでは一〇〇馬力の船舶用蒸気機関が三〇種類以上も作られていたが、それを一〇

＊20　ただし、ロルトは前掲書で、互換性をもつ大量生産方式が最初に適用されたのはミシンやタイプライターなどの新しく複雑な製品であり、それはその方式で製造しなければ経済的に割に合わなかったからだとも述べている（一二一～一二三頁）。

種類ほどに絞れば、もっと多くを生産することができるようになるし、品質も向上するし、安価にもできるだろうと考えたのである。

ウィットワースがネジの規格を提唱してから約二〇年後、アメリカでウィリアム・セラーズという人物がイギリスとは異なるネジの規格を提唱した。ウィットワースのネジ山の角度は五五度だったのに対して、セラーズのそれは六〇度というより単純な角度で、それによって作図も製作も検査も簡単になるというのであった。またネジ山を丸山ではなく平山にすることで、それまで三つの工作機械が必要だったところを二つで済むようにしたのである。それについてはもちろんさまざまな議論もあったが、全体として統一規格を作る必要はみなが認めていたので、セラーズの規格はアメリカ国内で鉄道会社などで採用されるようになり、一八七〇年代には実質的に国内の標準規格となった。さらにその後、ヨーロッパでもセラーズ型のネジ規格が採用されて、国際的な規格となっていったのである。

一九世紀半ばには、建物の暖房のためのスチーム配管が急速に普及し始めたが、やがてそれら金属製パイプの修理やメンテナンスが問題になり、つまりパイプの標準規格も求められるようになっていった。その後も、ネジや金属製パイプのみならず、紙や封筒のサイズにいたるまで、さまざまなものの規格が定められることが望ましいと意識されるようになっていった。このように、一九世紀の全体をとおして、人は「標準化」「規格化」の意義や必要性を明確に意識するようになっていったのである。

戦争が後押しした「標準化」

ただし実際の普及は、必ずしもすみやかなものではなかった。橋本によれば、「規格」という考えが普及し実際のものづくりに活かされるようになったのは、二〇世紀に入ってしばらくしてからのようである。一九〇四年にボルティモアで大火災があり、その際にボルティモアの消防隊を応援しようと近隣の都市からも消防隊がやって来た。ところが、よそから持ってきたホースが消火栓に合わなかったため、せっかく人も機材もあるのに消火活動を助けることができないという事態を経験したのである。後に、消火栓とホースには六〇〇もの寸法と形状があることが判明したので、すぐに問題を検討して全米規格を設定することになった。実際にはその規格統一はなかなか進まなかったが、どういう時に何が問題になるかという重要な経験にはなったようである。

それから約一〇年後、第一次大戦が勃発する。アメリカが第一次大戦に参戦したのは一九一七年であるが、そこでも再びネジなど基本部品の規格統一が不十分であることが明らかになった。そこで国立標準局の局長を委員長として、海軍省、陸軍省、機械学会、自動車工学会の代表からなる「全米ネジ委員会」が設置されることとなる。その委員会は、戦後はいったん廃止されたが第二次大戦時に再設置され、あらためてネジの規格が検討されたのである。

橋本はこうしたプロセスを詳細に紹介したうえで、「アメリカでは互換性技術が生まれ、標準化が進む上で大きな契機となったのは軍と戦争だった」[*21]と結論づけている。もちろん、当時のアメリカ社会の特殊性、特に人口と地理的環境、労働環境や労働形態なども考慮に入れ、より広い観点から考えることも必要ではある。[*22]だがやはり基本的には、標準化はほうっておけば自然に普及したものではなく、それを徹底させるには、どうしてもある程度の強制力が必要で、戦争・軍事こそが大きな契機となったのである。

武器づくりにおける革命

厳密に武器の規格化に話を絞るならば、もう少し時代をさかのぼることもできるようだ。ヴェルナー・ゾンバルトは、第一次大戦が始まる寸前、『戦争と資本主義』という本を書いた。彼はそこで「大集団の用いる規格化された武器の最初の実例を、おそらく一六世紀の傭兵の長槍が提供するであろう」[*23]と述べている。基本的には、一六世紀ヨーロッパの兵員は武器も防具もそれぞれバラバラのものを持つのがまだ当たり前だった。しかし、火器の普及によって、人々は弾丸の大きさをある程度そろえる必要があることに気付き、「口径」の概念が生

郵便はがき

料金受取人払郵便

河内郵便局
承　認

373

差出有効期間
2022年10月
20日まで

（期間後は切手をお貼り下さい）

5 7 8 - 8 7 9 0

東大阪市川田3丁目1番27号

株式会社 創元社 通信販売係

創元社愛読者アンケート

今回お買いあげいただいた本

[ご感想]

本書を何でお知りになりましたか(新聞・雑誌名もお書きください)

1. 書店　2. 広告(　　　　　　　　　　)　3. 書評(　　　　　　　　　　)　4. Web
5. その他

◉この注文書にて最寄の書店へお申し込み下さい。

書籍注文書	書名	冊数

◉書店ご不便の場合は直接御送本も致します。

代金は書籍到着後、郵便局もしくはコンビニエンスストアにてお支払い下さい。(振込用紙同封) 購入金額が3,000円未満の場合は、送料一律360円をご負担下さい。3,000円以上の場合は送料は無料です。

※購入金額が1万円以上になりますと代金引換宅急便となります。ご了承下さい。(下記に記入)

希望配達日時

【　月　日 午前・午後　14-16 ・ 16-18 ・ 18-20 ・ 19-21】

(投函からお手元に届くまで7日程かかります)

※購入金額が1万円未満の方で代金引換もしくは宅急便を希望される方はご連絡下さい。

通信販売係　Tel 072-966-4761　Fax 072-960-2392

Eメール tsuhan@sogensha.com

※ホームページでのご注文も承ります。

〈太枠内は必ずご記入下さい。(電話番号も必ずご記入下さい。)〉

お名前	フリガナ	歳
		男・女
ご住所	フリガナ	
	〒□□□-□□□□ E-mail: TEL　－　－	

メルマガ
会員募集中!

お申込みはこちら

※ご記入いただいた個人情報につきましては、弊社からお客様へのご案内以外の用途には使用致しません。

まれたというのである。
ゾンバルトによれば、一五四〇年にニュルンベルクのハルトマンという人物が口径の基準を考案し、フランスではフランソワ一世とアンリ二世の治下でカノン砲の口径の数が六種に限定され、一六六三年には一七種に増やされたという。弾丸も正確に計量され、一七三三年には規格化は全ての種類の火器に適用されるようになった。規格化、互換性や標準化という発想とそれに基づいた製造方法は、工作機械の発展、大量生産の始まり、そして労働形態の変化などとも結びついている。ゾンバルトはその本の序文で、「戦争がなければ、そもそも

*21 橋本、前掲書、一三七頁。二〇世紀前半における両大戦では、標準規格を制定して部品の種類を絞り、大量生産体制を取れるかどうかが極めて重要だったが、日本はそれができなかった。橋本は、一九五〇年の朝鮮戦争にともなういわゆる朝鮮特需をきっかけに、アメリカから規格化された互換性部品の加工技術や検査技術が日本の産業界に導入され、それが後の日本製品の品質向上の基礎となったとも指摘している（一九五～一九七頁）。

*22 また、付け加えておくと、こうした工作機械の発達は結果的に大量生産につながって資本家に利益をもたらしたが、だからといって資本家の利益追求によって生み出されたとも言えない。ロルトは前掲書で、「工作機械の歴史に最初の動力を与えたのは企業家ではなく、熟練した職人たちだった」（一二頁）と述べている。

*23 ヴェルナー・ゾンバルト（金森誠也訳）『戦争と資本主義』講談社学術文庫、二〇一〇年、一一八頁。

資本主義は存在しなかった」「近代的軍隊が資本主義的経済の重要なもろもろの条件を充足させた」と述べている。[*24] ここでは彼の資本主義観そのものには触れないが、彼が同書で一つの章を割いて論じている軍隊の被服、つまり「軍服」の出現も、この問題について考えるうえでは興味深い例である。機械や装置を構成する部品の互換性を維持し、規格を統一するという発想は、やはり砲弾や銃弾やその発射機の部品、そして軍服など、戦争で用いる道具が最も初期の例だったことは確かであろう。

石器時代以降、アルキメデスの時代やダ・ヴィンチの時代をへて現在にいたるまで、人は常に武器を進歩・発展させてきた。軍事技術については、しばしば、「テクノロジーの進歩が武器・兵器を発展させた」という言い方がなされる。そして「科学技術の使用法」が問題にされ、「軍事技術」「軍事研究」に対する警戒や批判が口にされるわけである。だが、近現代の武器づくりにおいて最も革命的だったものとしては、いわゆる新兵器そのものだけではなく、「互換性」や「標準化」といったものづくりに関する新しい考え方の誕生と、それに基づく新しい製造工程の構築、製造ラインの管理方法の工夫もあげられるのではないだろうか。確かに機関銃や飛行機などの登場は戦場を一変させた。だが、近現代の兵器のポイントは、一発の銃弾にしても飛行機のネジにしても、一〇分の一ミリかあるいはそれ以上のレベルでサイズや性能に誤差のない部品が大量に供給されるようになったという点にある。それを可能にした新しい製造方法や新しい製品管理システムに関する工夫や発明が人類の武器史・戦争史に与えた影響は、もっと強調されてもいいであろう。

＊24 同書、二四〜三〇頁。

第4章

語学、民族学、宗教

武器になりうる人文知

最も重要な武器は「語学」

しばしば、戦争・軍事において最重要なのは「情報」だとされる。そうした主旨のことは『孫子』やその他の兵法書でも述べられており、別に最近になってから強調され始めたわけではない。人類は大昔から、情報こそ最強の「武器」であることを知っていた。無線機も、カメラも、つまりは情報伝達や情報取得の道具であるがゆえに軍事利用され、現に兵器の一部になってきたわけである。また、大切な情報がもれないようにするために、人類は大昔からさまざまな暗号も用いてきた。原始的な暗号機は古代からあったが、最近の例では第二次大戦でドイツ軍が用いた「エニグマ」などが有名である。

だが、「情報」に関してもっと基本的なレベルで重要なのは、やはり語学であろう。戦争の相手が自分たちとは違う言語を使っている場合、それを理解できなかったら、暗号を使われているに等しい。相手が使っている言語がわかれば有利に戦うことができるが、わからなければ不利な戦いをせねばならなくなる。そもそも言葉が通じなかったら、休戦や終戦の交渉さえできない。戦争をするにあたり、相手の言語に関する知識は最重要の武器なのである。だから、これまで、世界中の軍隊は外国語の専門家育成にもかなり熱心に取り組んできた。日本に関する事例としては、江利川春雄の『英語と日本軍――知られざる外国語教育史』や、武田珂代子の『太平洋戦争 日本語諜報戦――言語官の活躍と試練』などがわかりやすく解説している。まず、第二次大戦時における連合軍の日本語専門家養成について見てみよう。

アメリカ軍の日本語専門家養成

アメリカ軍はすでに一九〇八年から、日本語専門家を養成するために少数の士官を東京のアメリカ大使館に送り始めていた。一九四〇年代に入って日米関係の緊張が高まると、軍事情報部は日本語専門家育成の重要さをますます強く意識していった。そして素早く準備を進め、日本軍による真珠湾攻撃の約一ヶ月前には陸軍第四師団のもとに日本語学校を設置し、尋問官や翻訳官として諜報活動にあたる者の育成を始めたのである。やがてその日本語学校は陸軍省の直接管轄下に置かれるようになり、アメリカ陸軍情報部語学学校となる。戦争が進むにつれてその学校の規模は拡大し、そこで日本語と軍事諜報活動の集中訓練を受けた語学兵の数は、最終的には日系二世だけでも六〇〇〇人、さらに白人など非日系アメリカ人が七八〇人に及んだ。*1

そこでの訓練期間は六ヶ月または九ヶ月で、毎日七時間の授業と二時間の自習、そして土曜に試験という徹底した詰め込み教育が行われ、同時に軍事訓練もなされた。日本語学習の内容としては、日本語の文法や軍事用語に加え、日本の地理、歴史、日本の軍隊や日本人の特徴などに関する講義もあった。日本兵が持っていた軍の文書や日本映画などを入手すると、それらも実践的な教材として用いるようになった。[*2]

もちろん海軍も日本語教育を急いでおり、実は陸軍よりも早く、真珠湾攻撃の約二ヶ月も前にハーバード大学とカリフォルニア大学バークレー校で海軍日本語プログラムを始めている。訓練期間は一年で、そこでは一日一四時間の学習を五〇週続けることが求められたという。開校当初の目標は、一年間の訓練によって、漢字二〇〇〇字の読み書き、日本語の話し言葉八〇〇〇語の習得、日本語新聞の読解、日本語ラジオ放送の発信と傍受、活字および草書による日本語文書の翻訳、といった能力を身につけることとされていた。[*3] その学校は、場所や名称の変更などはあったものの、日本語専門家の育成は熱心に続けられ、終戦までに一二五〇人の語学士官を養成した。[*4] 川端康成や谷崎潤一郎などの翻訳もしたエドワード・サ

＊1　この人数は、江利川春雄『英語と日本軍——知られざる外国語教育史』（NHK出版、二〇一六年）二三頁による。武田珂代子『太平洋戦争 日本語諜報戦——言語官の活躍と試練』（ちくま新書、二〇一八年）によれば、終戦の一年前の段階で同校を卒業していたのは、日系二世語学兵が約一三〇〇人、白人語学将校が約二〇〇人にのぼっていたという（三二頁）。

＊2　武田、前掲書、二四〜四〇頁。

＊3　同書、六一〜六二頁。

＊4　この人数は、江利川の前掲書、二三頁による。武田の前掲書によれば、海軍の日本語プログラムで最終的に卒業できたのは八二一名だったという（七二頁）。

イデンスティッカーや、同じく日本文学研究者として著名なドナルド・キーンなども、この海軍日本語学校の卒業生である。[*5]

連合軍翻訳通訳部

オーストラリアの陸軍士官学校では、一九一七年に日本語の授業が始められている。そこで日本語教師として招聘されたのは、スコットランド出身のジェームズ・マードックという人物であった。マードックは長いこと日本で暮らした経験があり、東京帝国大学でも教鞭をとって夏目漱石も教え子の一人であった。[*6] オーストラリア軍も日中戦争の始まりを見て、一九三八年には日本語専門家の育成に本腰を入れ始めている。オーストラリア軍の日本語専門家はアメリカ軍などと比べれば少なかったが、「連合軍翻訳通訳部」はオーストラリアのブリスベンに設置されていた。

武田珂代子によると、その連合軍翻訳通訳部では、一九四五年九月までに三五万点もの日本軍文書が扱われ、一万八〇〇〇点が翻訳され、一万人以上の捕虜を尋問し、七七九件の報告書が作成された。この連合軍翻訳通訳部は太平洋戦争で最も重要な課報機関だったようだが、当時の日本軍はその存在にも気付いていなかったという。[*7] オーストラリアの北部にあるダーウィンには、撃墜あるいは鹵獲《ろかく》された日本軍の航空機を解体し、機体や部品に書かれた文字や記号などを翻訳してその航空機および製造工場に関する情報を収集・分析する部隊もあった。彼らの成果はアメリカ軍にも伝わり、部品工場などを狙った空襲計画の立案など、戦争遂行に大いに役立てられたようである。[*8]

武田はアメリカ軍、イギリス軍、オーストラリア軍、カナダ軍が、どのように日本語の専門家を育成して捕虜の尋問や日本軍文書の翻訳を行ったのかについて解説した上で、「日本語の知識やスキルを有する言語官は、いわば諜報戦の主役だったといえる」[*9]と述べている。

日本軍の語学教育

さて、このように連合軍が日本語を熱心に研究・教育したのに対して、日本の英語教育は

*5 戦時中のドナルド・キーンの日本語学習については、『ドナルド・キーン自伝』(角地幸男訳、中公文庫、二〇一一年)五三～一〇五頁などを参照。彼によれば、語学訓練を終えて軍服を着て任務についた初日、彼は上官から「諸君が携わる仕事は軍事機密に属するものである、自分としては、その機密を外部の者に漏らした者が絞首刑になるのを最後まで責任を持って見届けるつもりだ」と言われたという(六九頁)。

*6 平川祐弘『漱石の師マードック先生』(講談社学術文庫、一九八四年)などを参照。

*7 武田、前掲書、一五一頁。

*8 同書、一五三～一五五頁。

*9 同書、二〇七頁。

どうだったのかといえば、それは残念ながら極めて不十分なものであった。ただし、日本軍そのものが最初から外国語習得の重要性をわかっていなかったのかというと、決してそうではない。日本における近代的軍隊の建設は、外国語で書かれた兵学書の翻訳から始まったのであり、外国語を学ぶことの重要性はむしろ十分に認識されてはいたのである。

日本は一九世紀半ばの開国よりも以前から、オランダ語などによる西洋兵学書を入手しており、西洋の軍事を研究していた。日本が陸軍省・海軍省を設置するのは一八七二年だが、それまでにすでにオランダ、フランス、イギリス、ドイツなどさまざまな国の軍事用語が入り込んでいたので、それらを統一的に理解する必要も生じていた。一八七〇年の段階では、各藩の軍制は、佐賀藩など一七藩はイギリス式、水戸藩など一一藩はオランダ式、高知藩など九藩はフランス式とバラバラで[*10]、その年の秋の太政官布告によって陸軍はフランス式、海軍はイギリス式、と正式に決定された。そして、「哲学」や「理性」など多くの訳語を作ったことでも知られる西周《にしあまね》が中心となって、一八八一年に日本最初の軍事用語辞典となる『五国対照兵語字書』が刊行されている。

英語、ロシア語、フランス語、ドイツ語など、幕末以降の日本における外国語の研究と教育は、国防という軍事的な要請から始まったといっても過言ではないようだ。近代日本の最初の対外戦争である日清戦争の時は、朝鮮半島が戦場になったので、開戦の一八九四年に急遣軍人用の日朝会話書や日清朝会話書が出版され、さらに『兵要朝鮮語』や『朝鮮国海上用語集』など、陸海軍の将兵向けの本も作られている。日本軍は、本来は語学の重要性を認識できていたのである。ちなみに、芥川龍之介も、第一次大戦時にあたるごく短期間ではあるが、海軍機関学校で嘱託教官として英語を教えていたことがある。

太平洋戦争時に活躍した昭和の軍人のなかにも、英語に強いものはいた。有名なところでいえば、山本五十六は少年時代にキリスト教宣教師から英語を学んでおり、三五歳の時はアメリカに駐在してハーバード大学で学び、その後もアメリカの日本大使館で武官として勤務している。井上成美《しげよし》は海軍きっての知性派と呼ばれた人物で、現役時代は若手に対する英語教育に熱心だったが、戦後に隠棲してからも近所の子供たちに向けて英語塾を開いていたほどであった。硫黄島の指揮官だった栗林忠道もアメリカで駐在武官をしていた経験があり、英語を流暢《りゅうちょう》に使いこなしてアメリカ事情にも通じていた。

不十分だった英語教育

ところが、第二次大戦へいたる時期においては、日本軍全体としては軍事戦略と語学教育

＊10　江利川、前掲書、六〇頁。

とのあいだに重大な欠点を抱えるようになっており、そのままの状態で戦争を始めてしまったのである。その点については江利川の前掲書に詳しいが、彼の指摘している三点をあげておくと以下の通りである。

まず一つ目は、士官養成学校における外国語教育に柔軟性がなかったことである。具体的にいうと、陸軍幼年学校は中枢幹部を多く排出した学校であるが、そこでは日中戦争にいたるまで、外国語をドイツ語、フランス語、ロシア語に固定しており、軍事戦略上最も重要となる英語の教育がおろそかになっていた。大半の幼年学校出身者は士官学校や大学校に進んでも英語を学ばず、ほとんど英語を知らず、つまり英米事情に疎《うと》いまま戦争指導をすることになったのである。二つ目は、明治初期からの西洋崇拝とアジア蔑視ゆえに、軍隊内においても中国語や朝鮮語などアジア言語の教育が軽視されたことである。作戦遂行においても、アジア諸地域の人々との意思の疎通がうまくいかないことは重大な足かせになってしまった。そして三つ目は、軍全体として外国語教育が読解中心の教養主義的な形でなされる傾向が強く、軍事状況を把握したり、いわゆるインテリジェンス活動に使えるような実用的側面が弱かったりしたという点である。アメリカのように、語学士官の養成に特化した学校やコースを作ることもなかった。[*11]

アメリカ軍が日本語専門家の士官養成に必死だったころ、日本軍は英語教育に力をいれるどころか、むしろ逆に縮減してしまうなど、まるで計画性や合理性のない語学教育方針をとってしまったのである。そこには語学それ自体に対する認識の甘さに加え、人事と語学が派閥的な関係をもってしまうようになっていた日本軍という組織の構造的な欠陥もあった。これが敗戦の全ての原因だというと言い過ぎであろうが、結果的には語学という重要な「武器」の使い手を十分に育てることができなかったため、全体としては戦いに不利な軍隊になってしまったことは確かであろう。

ベネディクトの『菊と刀』

戦争・軍事に役立てられた文系学問は語学だけではない。例えば文化人類学などもそうで、典型的な例としてはルース・ベネディクトの『菊と刀』をあげることができる。『菊と刀』は、西洋の「罪の文化」に対して日本の側を「恥の文化」として特徴づけた点などでよく知られているが、ベネディクトは素朴な学問的関心からこうした日本人論を書き始めたわけではない。この本の冒頭の一行目に、彼女が日本研究をしたそもそもの理由が示唆されている。すなわち、「日本人はアメリカがこれまでに国をあげて戦った敵の中で、最も

＊11　同書、二一〇～二一二頁。

気心の知れない敵であった」[12]という一文である。彼女はアメリカの大学でF・ボアズの弟子にあたる優れた文化人類学者として活躍していたが、第二次大戦中に「戦争情報局」に入り、敵国としての日本の研究を求められたのである。『菊と刀』というタイトルで一冊にまとめて出版されたのは終戦の翌年の一九四六年になってからだが、これはそもそも戦時研究の一環としてなされたものがベースになっているのである。

ベネディクト自身、アメリカは日本本土に進攻することなしに降伏させることができるかとか、皇居の爆撃をおこなうべきか否かとか、日本人捕虜から何を期待することができるかとか、日本軍および日本本土に対する宣伝ではどんなことを言えば最後の一人まで抗戦するという日本人の決意をくじくことができるか、といったことを知る必要があったことを十分認識していた。

彼女はその本の第一章で、次のように述べている。「敵の性情を知ることが主要な問題になった。われわれは、敵の行動に対処するために、敵の行動を理解せねばならなかった」[13]。だから、「私〔ベネディクト〕は一九四四年六月に日本研究の仕事を委嘱された。私は、日本人がどんな国民であるかということを解明するために、文化人類学者として私の利用しうるあらゆる研究技術を利用するよう依頼を受けた」[14]というわけである。『菊と刀』の内容についてはすでにさまざまな批評があり、ここではその点については触れないが、とにかくこうした一つの人文学的研究がアメリカの戦争遂行と密接な関係にあったことは端的な事実として重要である。

第二次大戦時の日本における「民族学」

こうした事情はアメリカだけの話ではなく、日本でも同様だった。文化人類学者の石田英一郎は、「民族学」と「文化人類学」という学問の名称に関して述べた文章のなかで、民族学という名称は戦争中に民族学者がその学問をもってして大東亜共栄圏の民族政策のために役立てようという姿勢を示したことから、「侵略戦争のお先棒をかついだ〝戦犯〟の学問」だという拭いがたい印象を残したと述べている。[*15]

かつての人類学が日本の帝国主義・戦争にどのように貢献したかについては、中生勝美が六〇〇頁を超える大著『近代日本の人類学史――帝国と植民地の記憶』で非常に詳しく検討している。中生は、一九三〇年代から四五年まで民族の研究はその成果を政治的に利用する

---

*12　ルース・ベネディクト（長谷川松治訳）『菊と刀――日本文化の型』講談社学術文庫、二〇〇五年、一一頁。
*13　同書、一一頁。
*14　同書、一三～一四頁。
*15　石田英一郎「人間を求めて」（『石田英一郎全集』四巻、筑摩書房、一九七〇年）一七頁。

意図があり、地政学的な意味も付与されていたと述べている。彼によれば、民族対立や民族独立の原因となる歴史・社会・政治・文化的な要素としての「民族」を研究し、民族の政治利用や、辺境の地に住む民族から得られる軍事情報を活用するうえで、理解の基礎となる民族誌的知識を体系化する学問として「民族学」が営まれていたというのである。[*16]

一九三二年、文部省は「国民精神文化研究所」というものを設置している。[*17] それは国体・国民精神の原理を明らかにし、国民文化を発揚することや外来思想を批判することなどを目的としたもので、政治や経済のみならず、哲学・歴史・教育・宗教・文学・芸術など、典型的な人文系分野を研究範囲に含むものであった。また、単なる研究だけのための場ではなく、再教育機関でもある点に大きな特色があった。現職の中等教員の再教育、および思想上の理由で学籍を失った学生に復学の機会を与えるための転向指導もおこなわれていた。一九二〇年代後半から、国内では高等教育機関における「左傾」学生の激増が大きな社会問題として認識されていた。そして一九三一年には満州事変も勃発したため、教育や学問のあり方が再び問い直されるようになったのである。前田一男によれば、国民精神文化研究所は、「明治以降の教育や学問のあり方を批判しかつ両者を新たに再編・刷新していこうとしたメカニズムのひとつ[*18]」だったのである。

後に東京大学教授になる宗教学者の堀一郎なども、かつてその研究所に関わっていた。堀は一九四二年に日本諸学振興委員会国語国文学特別学会で「伝承と信仰――特に遊幸思想について」と題する発表をした。そこで堀は、日本精神の特異性とともに、日本の伝承や信仰がインドネシア、ニューギニアなど大東亜共栄圏の諸民族のそれと共通していることを指摘し、遊幸思想をもとにした「日本固有の伝承と信仰こそ、又こゝに啓示せられた神人の努力と形態こそ、今日の大東亜共栄圏建設の大きな精神的地盤となり、母胎とならねばならぬ」ことを強調したという。[*19]

総力戦研究所

また、一九四〇年には、戦争遂行のための国策研究所として「総力戦研究所」も開設されている。その目的は、武力・思想・政略・経済を一元的に総合した「総力戦」のための研究を進め、将来国家中枢の地位に立つべき者の教育訓練を行い、軍官民を通じた挙国一体的新

*16 中生勝美『近代日本の人類学史――帝国と植民地の記憶』風響社、二〇一六年、三三六頁。
*17 国民精神文化研究所は、一九四三年に国民錬成所と合併して「教学錬成所」となっている。
*18 前田一男「国民精神文化研究所の研究――戦時下教学刷新における「精研」の役割・機能について」(『日本の教育史学』二五巻、一九八二年)六九頁。
*19 後藤総一郎監修、柳田国男研究会編著『柳田国男伝』三一書房、一九八八年、八八一頁。

体制を実現することであった。これはつまり国策樹立のための調査・研究機関であるため、軍と密接であり、歴代の所長はすべて陸海軍の将官だった。

そこでは「総力戦」とは「文武ニ分ケテ考フレバ（中略）武力戦ト文力戦トヨリ成立スベク、此ノ文力戦ヲ更ニ区分スレバ、外交戦、経済戦、思想戦等トナル」とされている。そして外交・経済・思想はいずれも「国内ニ於テ我武力ノ向上発展ヲ支援スル」のみならず「各夫々ノ部門戦ヲ通ジテ敵ノ武力ヲ滅殺スルノ責務ヲ有スル」とされている。[20]

当時、海軍大学校研究部の富岡定俊が書いた「総力戦研究所ニ海軍トシテ推薦ヲ適当トスル学者ニ関スル意見」に添付された被推薦者一覧には、「思想戦」の担当として、著名な哲学者の和辻哲郎の名前があげられているのも興味深い。[21]

戦時中の民族研究

中生は前掲書で、戦前に中国で特務機関に勤務していた人たちにインタビューをしたときのことについて触れている。彼によれば、特務機関員は現地に入ると、最初の仕事は民族対立が発生する要因となる宗教、経済的利益、政治制度についての情報を集めることであり、それに関連する学術的な研究が現地事情を把握するために不可欠だったという。[22] 例えば、漢族と対立していたモンゴル族およびムスリムに対して、親日感情を植え付ける工作の基礎として、歴史・社会・文化の深い理解が必要だったようだ。宗教も、政治的関係や宗教的帰属感情から民族感情の高揚や民族対立を先鋭化する社会背景になるので、非常に重要なポイントになると見なされていたのである。

一九四三年には、「民族研究所」も設立された。それは、軍事戦略を展開するうえで人類学的・史的・政策的調査が必要だという認識から設立されたものである。その研究所官制第一条には「民族研究所ハ文部大臣ノ管理ニ属シ民族政策ニ寄与スルタメ諸民族ニ関スル調査研究ヲ行フ」と記されていた。それを設立するために奔走した岡正雄は、設立前年におこなった講演で、「民族学は統治の対象としての民族の現実態的性格及び構造を明確にし、或はその民族構造の制約に於ける民族感情では民族意識、民族意志、民族行動の性格、動向、偏向を究明して、民族政策を基礎づけなければならない」[*23]と述べている。彼は、陸軍中野学校で講義をしたり、少佐参謀を帯同して南方を視察したりするなど、民族政策について非常に積極的な姿勢をとっていた。中野学校で先住民への宣撫《せんぶ》工作のための基礎科目として民族学も開講

＊20　粟屋憲太郎、中村陵『「総力戦研究所関係資料集」解説・総目次』不二出版、二〇一六年、七六頁。
＊21　同書、六八頁。
＊22　中生、前掲書、三三〇頁。
＊23　『民族学研究』一九四三年二月（『柳田国男伝』八九二頁より引用）。

されていたことは、卒業者の証言からも確認できる。[*24]

民族研究所開設にともなって、日本民族学会は解散し、新たに財団法人民族学協会が設立された。その設立趣意書でも、協会の目的は「整備されたる学術的組織の下に民族学的素養ある学徒と提携連絡して、主として大東亜共栄圏内の諸民族に関し実証的なる民族学的調査を行ひ、他面深く民族学的理論を探求して邦家の民族政策に寄与せんことを期す之を要するに広く民族学の振興発達を図るを以て主要なる目的とす[*25]」とされていたのである。

この研究所は戦時中も頻繁に満州、蒙疆《もうきょう》、セレベス、ジャワ、仏印、タイ、北支など海外での調査も行っていた。[*26] 現地調査と同時に、民族工作に従事する軍・特務機関・占領地行政の官僚などが集めた内部資料から報告書を作ることもあったようである。中生によれば、民族研究所の海外調査が最も軍事的だったのは一九四五年七月の満州族調査だったという。それはソ連侵攻による日本の敗戦を見越した関東軍からの依頼によるもので、満州各地の対日感情を調べて日本人入植者の退却ルートを確定することが目的だった。[*27]

「深く戦争に関わった学問」

このように、民族学・文化人類学という人文系の学問も、実際にはその分野の学者自身によって「戦犯の学問」と言われるくらい軍事に貢献していたわけである。柘植信行も『柳田国男伝』（後藤総一郎監修）のなかで、「民族学ほど、深く戦争に関わった学問はない」[*28]と述べている。柘植によれば「柳田からみれば、戦時下の民族学的研究は、そこに生活する人びとに対する「同情」の眼を欠いた粗い観察でしかなかった」[*29]という。先ほど言及した石田英一郎も、自分自身について「軍一辺倒の滔々《とうとう》たる時勢の流れに何一つ良心的な抵抗を試みることもなく、実質的には軍の庇護のもとに〝国策〟の線にそむかぬ調査研究をひっそりとつづけていた」[*30]と述べているように、当時の研究者は総じて軍事に貢献する姿勢をとっていたようである。

念のため付け加えておくと、民族研究所の所員は全員が狭い意味での民族学者だったわけ

＊24　この点について中生は前掲書（三六四頁）で、樺太で少数民族工作に従事していた扇貞雄の手記を例に挙げている。
＊25　『民族学研究』一九四三年一月（『柳田国男伝』八九三頁より引用）。
＊26　民族研究所による海外調査先の時期と場所の一覧は、中生の前掲書、三五八頁を参照。
＊27　中生、前掲書、三六五頁。
＊28　『柳田国男伝』八九一頁。
＊29　同書、八九五頁。
＊30　石田、前掲書、一九頁。

ではない。例えば、所員の一人、古野清人はエミール・デュルケムの『宗教生活の原初形態』などの翻訳でも知られる宗教学者・社会学者であったし、古野の紹介で同研究所に助手として採用された徳永康元は言語学者で、ハンガリー文学を専門とする者であった。他の所員や助手も歴史学、あるいは考古学などを専門とする者たちであり、民族研究所での研究や調査は、人文系を中心とした多様な分野の学者によってなされていたのである。

さまざまな国策調査

中生の前掲書を参照しながら、さらにいくつかの例を紹介したい。

一九三八年以降、台北帝国大学では南進政策に伴って多くの研究者が国策調査を行った。具体的には、インドネシア慣習辞典の編纂、台湾における宗教問題の調査、フィリピンの言語の調査、タイ・仏印文化施設の調査、南方民族の調査などが含まれていた。日本海軍が海南島を占領して以降は海南島の黎族《リー》に関する調査が行われたが、それも中生によれば、海軍直轄の鉱山であった石碌山を開発するための労働者確保を見据えた基礎調査だったと推測できるという[*31]。

また、一九四三年には東南アジアの政治・経済・文化に関する研究を行うために「南方人文研究所」が設置された。翌年、その研究所は日本語や欧文の民族誌から必要な部分を抜き出してまとめた『西南太平洋諸民族の食生活』を刊行した。それはフィリピン、セレベス、ソロモン諸島、ニューギニア等の食糧事情を明らかにするものであり、各地における飲食物の生産方法、生産時期、貯蔵関係、調理法などを整理したもので、つまりは戦地の食糧事情の研究であった。この研究所自体が、そもそも日本軍が占領した東南アジア諸国の事情を研究するものだったからであり、「戦争に直結した研究」なのは当然だったのである。[*32]

朝鮮総督府も一九二四年から四一年まで、四七冊におよぶ調査資料を刊行している。具体的な調査項目には、「朝鮮の人口現象」「朝鮮の犯罪と環境」「朝鮮の市場経済」「朝鮮の物産」などがあるが、さらに「朝鮮の鬼神」「朝鮮の巫覡《ふげき》」「朝鮮の卜占《ぼくせん》と予言」など宗教文化に関するものもある。[*33] 一般民衆に影響力がある民間信仰、特に巫覡（シャーマン）に関する基礎データは、治安維持のためにも重要だと見なされていたからである。『朝鮮巫俗《ふぞく》の研究』（一九三八年）を書いた赤松智城と秋葉隆は、その姉妹編として『満蒙の民族と宗教』（一九四一年）を残している。それは宗教学的研究と言ってよいものであるが、そこで詳しく考察された満州の

＊31　中生、前掲書、九二～九五頁。
＊32　同書、九六～一〇二頁。
＊33　同書、一二〇～一二一頁。

オロチョン族は、満州国とソ連の国境地帯に居住する民族として軍事作戦上重視された存在であった。

オロチョン族については複数の政府関係機関も調査をしているが、それは彼らを軍事利用しようとしたからに他ならない。オロチョン族は狩猟で得た革や肉を中国人やロシア人に売るなどしており中国語とロシア語に堪能だったため、関東軍特務機関は彼らをスパイとして養成しソ連領内へ送り込み、軍事情報を集めさせようと試みていたのである。そうした際に、この『満蒙の民族と宗教』におけるオロチョン族に関する記述は役に立った。中生は、例えばそこに記されているオロチョン族との付き合い方・贈答慣行・嗜好品などの記述は「宣撫工作を念頭においているとも受け取れる」とし、またその地を踏破した時の装備やルートなどの記述は「この地域での軍隊の移動に役立つものとなっている」と指摘している。[*34]

イスラーム研究の狙い

このように人文系研究者の軍事貢献は枚挙にいとまがないが、私が個人的に興味深いと思うのは日本人によるイスラーム研究である。日本で初めてイスラームという宗教の存在を強く意識したのは、江戸時代中期の新井白石ではないかと言われている。彼は一八世紀初頭に、禁教下の日本に潜入して捕えられたカトリックの宣教師シドッチからその宗教について聞いたとされている。だが、それよりもはるか以前、八世紀（奈良時代）に遣唐副使の大伴古麻呂《おおとものこまろ》がムスリムと会っていたとか、鑑真が日本に来た際に帯同した随員のなかにムスリムらしい人物がいたという説もあり、またその頃からイスラーム圏の物産はすでに中国を経由して日本に入ってきていた。[*35]だが日本人による本格的なイスラーム研究が始まったのは、岩倉使節団の時代、つまり一八七〇年代からのようである。一八七六年には林董《ただす》がハンフリー・プリドウによるムハンマドの伝記を翻訳し、『馬哈黙伝《マホメツト》』として刊行しており、一九世紀末には日本人初のムスリムも誕生している。[*36]

満州国建国あたりから、つまり一九三〇年代に入ると、日本人によるイスラーム研究が急増する。その背景には、日本軍による中国への侵攻とそれに続く「南進」の準備があり、西

＊34　同書、一六一頁。
＊35　小村不二男『日本イスラーム史——戦前、戦中歴史の流れの中に活躍した日本人ムスリム達の群像』日本イスラーム友好連盟、一九八八年、九～一七頁。
＊36　日本人初のムスリムは、野田正太郎という人物である。彼はエルトゥールル号事件の関連でトルコへ渡った後、しばらくそこにとどまって士官学校で日本語を教えることになり、一八九一年にイスラームに入信したことが確認されている。この点についての詳細は、三沢伸生とAkcadag Goknurによる「最初の日本人ムスリム——野田正太郎（1868-1904年）The First Japanese Muslim : Shotaro NODA (1868-1904)」（『日本中東学会年報』二三（一）二〇〇七年）を参照。

北中国・東南アジア・インドのムスリムに対する工作と、そのための情報収集の必要性が高まったため、軍部がイスラーム研究を積極的に支援したといった事情があったのだ。[*37] 中国を内部分裂させる民族分離工作のため、あるいは東南アジアの占領政策のために、イスラーム研究を求めるようになったというわけである。

一九三〇年代にはさまざまなイスラーム関連の団体や研究機関もつくられた。「大日本回教協会」は軍部が主導したムスリム工作機関で、調査・研究計画の中心はもっぱらムスリム工作に直接関係する事項であった。こうした協会を「軍部か外務省の外郭団体みたいなもの」と評した者もいる。[*38] 一方、「回教圏研究所」は、基本的には学術研究で中心的な役割を果たしたようだが、実際のところは国策と全く無縁でいることも難しかったようである。これら以外にも、満鉄東亜経済調査局、民族研究所、帝国学士院東亜諸民族調査室など、多くの組織や研究者によってイスラームの調査・研究がなされた。当時のイスラーム研究は、もちろん組織や個人によって意識に差はあるものの、やはり全体としては、日本軍へ協力するムスリムを増やして戦争を有利に運ぶことにつながる研究が期待されていた。中生は、戦前のイスラーム研究ほど当時の国策と密接に結びついた学問はなかったと述べているが、[*39] そこでいう「国策」という言葉は「軍事」と置き換えてもいいであろう。

あまり知られていないが、一九三九年には満州国軍にムスリム部隊（騎兵第三九団）も誕生している。彼らは、いつの日か西北辺境中国からトルキスタン方面へ進撃したあかつきには、かの地のムスリム軍と連携作戦をおこなうことも秘密裏に予定していた。その方面での任務に関しては、旧大阪外大アラビア語学科出身でアラブ・イスラーム通の東庄平が種々の指導にあたり、関東軍司令部との複雑な折衝などもおこなっていたようである。[*40] こうしたさまざまな事例をみると、イスラームという宗教文化に関する知識も、間接的には「武器」として用いられようとしたと言えるかもしれない。

*37　板垣雄三『イスラーム誤認——衝突から対話へ』岩波書店、二〇〇三年、二七〇頁。日本人による「イスラーム研究とムスリム工作」については、中生、前掲書、四五五〜五〇二頁を参照。
*38　大日本回教協会の沿革、関係者の氏名、創立の趣意、会則などについては、小村、前掲書、四一八〜四二五頁を参照。要点については、中生、前掲書、四七二〜四七七頁を参照。
*39　中生、前掲書、五〇〇頁。中生によれば、キリスト教や仏教においては日本人の信者を派遣することで占領地統治に協力させていたが、イスラームにおいては日本人信者がほとんどいないので軍部がムスリムを養成せねばならなかった。軍部の特務機関員はイスラーム教徒になり、イスラーム教徒として日本の宣伝工作に従事したため、戦後になっても日本でイスラーム教徒として生活し、日本人に対するイスラーム教の布教やイスラーム教国との交流活動にかかわったという。中生は、本章でも言及した『日本イスラーム史』の著者である小村不二男を、その代表者の一人として挙げている。
*40　小村、前掲書、四四五〜四四六頁。

日本人キリスト教徒による「宗教宣撫工作部」

実は、日本軍はイスラームだけでなく、キリスト教に対しても目を配っており、キリスト教徒から成る「宗教宣撫班」も組織していた。正式名称は、比島派遣軍（第一四軍）指揮下の「宗教宣撫工作部」であり、後に軍組織の改組により「報道部宗教班」となったが、宗教班、宗教部隊、宗教宣撫班などさまざまな呼ばれ方をしたようである。これは一言でいえば、フィリピンにおけるキリスト教を対象にした宣撫工作を担ったものである。構成員は、カトリック司祭やプロテスタント牧師、および神学生や信徒であるが、大学教授も含まれている。これも人文系の専門知識が軍事に活かされたものとして興味深い例である。

周知のとおり、フィリピンは総人口の約九〇%がキリスト教徒の国である。これは南方占領地のなかでは、他とくらべて異色な条件であった。当時の日本でキリスト教は敵性宗教とみなされる傾向が強かったが、占領統治をするうえではフィリピン社会で絶大な影響力をもつその宗教を無視することはできない。その国の指導者はみなキリスト教徒（ほとんどがカトリック）であり、社会の慣習や制度にもカトリックの影響が非常に強く反映されていたからである。そこで陸軍参謀本部はフィリピンのキリスト教界全般に対する宣撫工作をおこなうことを計画し、宗教班を編成したのである。

驚くことに、この宗教班の編成計画は、真珠湾攻撃の四ヶ月も前から始まっていた。

一九四一年の八月に、参謀本部からカトリック教会東京大司教の土井辰雄と大阪教区長の田口芳五郎に出頭依頼があった。その時に、まもなく宣戦布告がなされてフィリピンを占領する計画があるので、日本人の司祭や信徒を宗教宣撫要員として派遣するからメンバーを揃えよ、との指示が出されたのである。最終的に、カトリックからは司祭三名、神学生五名、信徒五名の合計一三名、プロテスタントからは牧師や大学教授など合計一一名が、宗教宣撫工作の要員として徴用された。メンバーになった司祭や牧師や信徒は総じて若く、最年少は二一歳で、最年長でも四一歳である。*41 指揮官は陸軍中佐の成澤知次という人物で、彼自身はキリスト教徒ではなかったが、彼の妻はカトリック信徒だったためキリスト教には理解があったようだ。また彼の下に二名の若い少尉が配属されたが、彼らはカトリック信徒であった。*42

宗教宣撫工作部の活動は、開戦からの約一年間に集中している。彼らは真珠湾攻撃の約二

*41　これら宗教宣撫工作部の氏名、および徴用時の職業等の一覧は、『南方軍政関係史料⑯ 比島宗教班関係史料集』第二巻（小野豊明、寺田勇文編、龍溪書舎、一九九九年）巻末の寺田による「解説」に掲載されている。

*42　寺田勇文「宗教宣撫政策とキリスト教会」（池端雪浦編著『日本占領下のフィリピン』岩波書店、一九九六年、所収）二六〇頁。

週間後にあたる一二月二四日にルソン島に上陸し、さっそく住民たち向けにクリスマス・ミサを行うなどした。そして正月にはそこを出発してマニラに向かい、そこでカトリック教会首脳部、およびプロテスタント教会の指導者を相次いで訪問し、日本の戦争目的を説明して日本軍への協力を求めた。同時に市内各地でミサや礼拝を繰り返し、一般民衆への宣撫工作も活発に行ったのである。

後の枢機卿、田口芳五郎も加わる

一九四二年に入ってから、この宗教宣撫工作部に大阪司教になった田口芳五郎が加わり、彼がフィリピンのカトリック教会に対する宣撫工作を指揮した。田口は一九三七年にもすでに北支派遣軍嘱託として、中国東北部にて日本軍と現地カトリック教会との連絡にあたっていたことがあった。つまり彼は、外国における軍事に関連した活動の経験がある人物なのであった。そんな田口は、戦争が終わって約三〇年後には枢機卿（ローマ教皇の顧問・補佐にあたる高位聖職者）にまでなっている。ザビエルが日本にキリスト教を伝えて以来、本書執筆時点までで、日本人で枢機卿になったのは田口を含めて六名しかいない。

田口はフィリピンでの宣撫工作の際、キリシタン大名でありフィリピンで死んだ高山右近もうまく利用した。高山右近は日本とフィリピンの教会をつなぐシンボル的存在なので、田口は現地で右近の頌徳《しょうとく》ミサを行うなどして、話し合いのチャンスを得られるよう工夫したのである。このフィリピンにおける一連の宗教宣撫工作に関して詳細な研究をした寺田勇文によれば、田口を中心に行われた対カトリック宣撫工作においては、ただ漠然と日本軍とカトリック教会とのあいだで良好な関係を築こうとしただけでなく、治安の回復、米の増産、教会財産への課税問題、公立学校での宗教教育問題、離婚をめぐるカトリック教会法と民事法との調整など、かなり具体的な行政問題も扱われたようである。*43

田口は、フィリピンでは依然として白人聖職者が圧倒的に優位であることを指摘して、アジアの将来のためにはフィリピンではフィリピン人のみを司教に任命せねばならないと考えた。カトリック系の学校長も同様で、つまりはカトリック教会を「比島人化」させることを重視した。比島軍政監部も「比島ローマカトリック対策」と題した極秘文書で、白人聖職者をフィリピンから撤退させることが東亜共栄圏確立にとって望ましいとしており、*44 それを宗教政策の中心においたのである。宗教宣撫班にカトリックの一信徒として参加し、後に『比島宣撫と宗教班』を著した小野豊明は、この活動について「軍が期待していた以上の成功を

*43 同書、二六二〜二六四頁。
*44 同書、二六八頁、二七六頁。

収めたといってもよいであろう」と述べている。[*45]

神父と軍刀

このフィリピンにおける宗教宣撫班の人選には、カトリック司祭の志村辰弥が深く関わった。この志村神父による回想録『教会秘話――太平洋戦争をめぐる』によれば、司教の田口芳五郎は宗教宣撫班に加わる際、軍刀を持って現地に向かったという。[*46]後に田口はそのことを素直に恥じたようだが、しかし、後に枢機卿になったカトリックの神父が、かつては軍刀を持って日本軍の宣撫工作員としてフィリピンへ行っていた、というのは、現代の感覚からすれば驚くべきエピソードであろう。宗教宣撫班で武器を持っていたのは彼だけではなかったようで、カトリックの一信徒としてこの班に加わった上述の小野豊明も、インタビューのなかで、出発前に輸送指揮官から日本刀を用意するように言われ、慌てて知人を通じて軍刀を手に入れたと述べている。[*47]

さらにいうと、同班に加わった司祭の塚本昇次は、『従軍司祭の手記――比島宣撫行』のなかで、現地で船に乗っていた際にイルカの群れに出会い、腰につけていたピストルでそのうちの二匹を撃ち殺したという思い出話を書いている。塚本神父はその手記で、「二弾共命中、海豚《イルカ》は眞赤な血を海面に流してのびて了《しま》つた」「大海豚二匹を射ち殺してすつかり嬉しくなった」と記しており、船員から「名射手」だと褒《ほ》められると「私もこれですっかり腕に自信を覚えた」とむすんでいる。*48

どういう経緯で銃を入手したのかはわからないが、彼はその場面の直前で、「私はガバとはね起きて腰のピストルを手にした」と書いているので、少なくともその時、この神父は拳銃を携帯していたわけである。

---

*45 『南方軍政関係史料⑯ 比島宗教班関係史料集』第一巻(小野豊明、寺田勇文編、龍溪書舍、一九九九年)一五頁(小野豊明の『比島宣撫と宗教班』は、同書の第二巻に収められている)。ところで、小野は、自分たち宗教宣撫班の「最大の貢献」は、フィリピンの教会をローマから離脱させようとした日本軍の介入を不発に終わらせたことだとしている。というのは、それによって全体主義国家においてなされたようなカトリック教会のローマからの離脱とその後の宗教弾圧といった事態から免れたからだと述べている(第一巻、二六頁)。

*46 志村辰弥『教会秘話――太平洋戦争をめぐる』中央出版社、一九七一年、一二五~一二八頁。

*47 日本のフィリピン占領期に関する史料調査フォーラム編『インタビュー記録 日本のフィリピン占領』龍溪書舍、一九九四年、五五〇頁、および五七四頁。

*48 塚本昇次「従軍司祭の手記――比島宣撫行」(小野豊明、寺田勇文編『南方軍政関係史料⑯ 比島宗教班関係史料集』第二巻、龍溪書舍、一九九九年、所収)一九六~一九七頁。

マニラに送られた女子宗教部隊

意外な話をもう一つ付け加えておくと、当時、フィリピンには、この宗教宣撫班とは別に、女子部隊も派遣されたのである。宗教宣撫工作部が約一年の活動を終えて帰国すると、それと入れ替わるように、今度はカトリックの修道女四名と女性信徒一五名からなる「宗教宣撫要員カトリック女子宗教部隊」がマニラに送り込まれた。これは当時マニラの軍政監部教育課長だった内山良男の要請によるものだった。彼女たちは一九四四年までの約一年半にわたり、マニラ市内の学校で日本語を教えると同時に、フィリピンの教会関係者や政治家などと会って親善活動を行ったのである。そのメンバーの一人だった修道女の山北タツエによれば、ある日突然、修道院の目上に呼び出され「あなたはフィリピンに行きます」と言われたという。身分は「軍属」で、悪くない給料がでたとのことだ。戦後、彼女に対してなされたインタビューが残っており、それを読むと採用の経緯や現地での生活の様子などについて詳細を知ることができる。[*49]

さて、司祭にしても一般信徒にしても修道女にしても、こうした活動は、後にしばしば「戦争協力」という言葉と共に振り返られることが多い。当時はカトリック教会に対する弾圧もあり、非常に厳しい社会状況だったことを鑑みれば、あまり安易な批判は慎むべきかもしれない。だが、今の時代から考えるならば、軍の要求に従って司祭たちを出したことはすなわち「戦争協力」にあたるのではないか、という素朴な疑問はありうるだろう。そうした問いに対して、志村辰弥神父は、戦争協力ということにならないように、これは「教会」が組織としてやったのではなく、あくまでも「個人の資格」でやったのだ、という主旨のことを述べている。[*50] そうした理屈が人々を納得させられるかどうかはともかく、そもそもこうした議論でしばしば使われる「戦争協力」という言葉はどうも曖昧で、結局どのようなことを指しているのかはっきりしない。だがとにかく、飛行機が軍事に活用され、製鉄技術も軍事に活用され、数学や物理学も軍事に活用され、語学や民族学も軍事に活用されたように、これもキリスト教文化に関する専門知識や技能が軍事に活用されたという事例に他ならないであろう。

宗教は戦争の「原因」ではない

ところで、しばしば宗教は「戦争の原因」であるかのように言われることがあるが、それは事実認識として適切ではない。というのは、例えば今の日本にはさまざまな宗教が存在しているが、それぞれは互いに武力闘争などしていない。異なる宗教の平和的共存は現に可能

＊49 『インタビュー記録 日本のフィリピン占領』六二七〜六八二頁。
＊50 同書、五五七〜五五八頁。

である。異なる宗教に属する人々のあいだで戦争がおきることは確かにあるが、実際には戦争をしていない期間の方がはるかに長い。宗教が戦争の「原因」だというのならば、むしろ、異なる宗教が戦争をしないでいられることの理由を説明せねばならないであろう。戦争はあくまでも「ある時」に「ある場所」で起きるので、その発生には宗教以外の要因が大きいと考える方が自然である。戦争の当事者が何か信仰をもっているということと、それが彼らの戦争の「原因」であるかどうかは別問題である。

また、そもそも、いったい何を示したらその戦争の「原因」がその宗教であったことを証明したことになるのかも不明確である。例えば、サラエボでガヴリロ・プリンツィプという名の青年がオーストリア＝ハンガリー帝国の皇太子に向けて撃った銃弾だけでは、第一次大戦という出来事全体の「原因」を説明したことにはならない。戦争という大きな社会的事象の「原因」を論じようとすること自体が、そもそも難しい問題なのである。宗教が戦争を正当化したり、戦いを助長したりすることがあるのは確かだが、そのことと、その戦争の「原因」は何かという問題とを混同してはいけない。[*51]

戦争・戦略の研究者アザー・ガットは、その大著『文明と戦争』で、「ユーラシア大陸の西部では普遍主義的な二大宗教イデオロギーが非常に好戦的な伝道主義と排他主義の傾向を帯びていた」と述べると同時に、「ユーラシア大陸の東部においても、精神的イデオロギーが社会を隔てる文化的な差異の一部となり、しばしば超自然的なものが愛国の大義として利用された」としている。[*52] ガットは戦争と宗教との間に重要な関係があることを指摘しつつも、決して安易に「宗教」を「戦争の原因」としているわけではないが、両者がどのように関わっているのかを十分に説明しているわけでもない。

宗教は「軍事技術年鑑に加えられるべきもの」

本書は「武器」をテーマとしているので、以下ではその観点からのみ「宗教」について触れておこう。著名な生物学者で、無神論者としても知られるリチャード・ドーキンスは『利己的な遺伝子』のなかで、「宗教」について「なんという武器だろうか。軍事技術年鑑には、

---

*51 宗教と暴力の関係についてはさまざまな文献があるが、さしあたりは、マーク・ユルゲンスマイヤー（立山良司監修、古賀林幸、櫻井元雄訳）『グローバル時代の宗教とテロリズム――いま、なぜ神の名で人の命が奪われるのか』（明石書店、二〇〇三年）や、石川明人『キリスト教と戦争――「愛と平和」を説きつつ戦う論理』（中公新書、二〇一六年）などを参照。戦争の「原因」そのものについての論点としては、ジョン・ベイリス、ジェームズ・ウィルツ、コリン・グレイ編（石津朋之監訳）『戦略論――現代世界の軍事と戦争』（勁草書房、二〇一二年）二六〜六〇頁などを参照。

*52 アザー・ガット（石津朋之、永末聡、山本文史監訳、歴史と戦争研究会訳）『文明と戦争』（下）二〇一二年、中央公論新社、一四八頁。

大弓や軍馬や戦車や水爆と同じ資格で、宗教的な信仰についても一章がさかれて当然である」[*53]と述べている。彼によれば、宗教という「盲信」は、証拠がなくても信じさせられるものであり、批判的な証拠を無視させることもできるものであるから、信者は残虐なことも平気で出来てしまうというのである。ドーキンスが宗教を「武器」「軍事技術」の一部だと言うのは、単なる表現上の皮肉ではなく、文字通りに受け取っていいと思われる。ただし、彼はここで伝統的宗教だけではなく、「愛国的、政治的盲信」についても同列に触れているので[*54]、ここでの「宗教」はかなり広い意味での「宗教」であることは念頭に置いておかねばならない。彼の無神論そのものについての評価はここでは保留にするが、「宗教」を「武器」ないしは「軍事技術年鑑に加えられるべきもの」とする指摘そのものは一笑に付すべきではない。

初期のキリスト教徒がローマ軍のなかで迫害された理由は、平和主義に基づいて戦闘を拒否したからではなく、皇帝崇拝や軍隊儀礼を偶像崇拝とみなして拒否したためで、つまりは軍規違反をしたとみなされたからであった。軍隊を強くするには規律・統制・連帯が重要であるが、宗教的儀礼や慣習はそれらを維持し強化するための有効な手段だったのである。古代ローマ軍が精強さを誇ったのは統制がとれていた点が大きいが、それは軍自体が宗教的組織のようなものだったからだと言われることもある。『君主論』で知られるマキャヴェッリも、

『戦争の技術』のなかで「宗教上の厳《おごそ》かな誓い」が兵士を戦わせる際に大いに役に立ったと書いており、百年戦争におけるジャンヌ・ダルクの影響についても言及している。*55

軍隊のなかの聖職者

現代の軍隊にも、軍旗に対する呪物崇拝的な傾向は明らかに見られるし、世俗の組織であるにもかかわらずそれ独自の葬送儀礼（軍葬）まであるように、軍事組織そのものが多かれ少なかれ宗教性を帯びた組織であるのは普遍的な傾向だとも言えそうだ。日本では軍隊と天皇との関係にも宗教的といってよいものが見られたし、庶民のあいだでは千人針などの呪術的慣習もあった。今も自衛隊の護衛艦のなかには神棚（艦内神社）があり、航空機の中にも安全祈願の御札が貼られている。

ハイテク装備をもつ二一世紀現在の軍隊にも、軍に専属の宗教家である「従軍チャプレン」

*53 リチャード・ドーキンス（日高敏隆、岸由二、羽田節子、垂水雄二訳）『利己的な遺伝子』紀伊國屋書店、一九九一年、五二一頁。
*54 同書、三一七頁。
*55 ニッコロ・マキァヴェッリ（服部文彦訳）『戦争の技術』ちくま学芸文庫、二〇一二年、一七一頁。

がいる国は珍しくない。例えばアメリカ軍においては、一定の軍の教育をへた牧師や司祭などを宗教に関する特殊技能をもった士官として採用し、少佐や大佐などの階級を与えている。チャプレン自身は武器の携帯を禁止されているが、武器を持ったチャプレンアシスタント（下士官）と行動を共にしながら将兵の「宗教サポート」を行うことを任務としているのである。[*56]

アメリカ陸軍の歴史において、兵科としての「チャプレン科」は、実は「歩兵科」の次に古い兵科でもある。日本軍にはアメリカ軍式のチャプレン制度はなかったが、広い意味での宗教サポートが全くなかったわけではなく、日清・日露戦争時には、いちおう従軍僧や従軍神官もいた。[*57]さらにさかのぼるなら、ザビエルの時代、日本にやってきたイエズス会の宣教師たちは、キリシタン大名たちの戦争に同行して、実質的に従軍チャプレン的な役割をしていたこともあった。例えば一五七八年の「耳川の戦い」の時も、宣教師フランシスコ・カブラルが大友宗麟の軍隊に従軍するなどしていた。したがって、実は日本にはアメリカよりも前からキリスト教の従軍チャプレンがいたわけである。

一口に「宗教」と言っても、それはさまざまな形で戦争・軍事に関わっているので、考察は慎重に行われなければならない。アルフレート・ファークツが『ミリタリズムの歴史――文民と軍人』で述べているように、キリスト教のいくつかの教派は「宗教的博愛主義のために軍事的本能につけこもうとする試みを示している」し、「当初から軍事制度を模倣し」ていた。[58] ここでは触れないが、宗教と軍事は、ある一面においては相関的な関係にあるとも言える。

だがさしあたりは、ドーキンスが言うように、軍事活動に不可欠な道具、すなわち広い意味での「武器」として宗教を捉えることも、必ずしも的外れではない。彼のいう「宗教」はあくまでも広い意味での宗教であり、愛国主義や政治的信条などが含まれていると述べたが、そこにさらに「軍人勅諭」や「戦陣訓」などの例を加えてもいいかもしれない。クラウゼヴィッツは宗教そのものには無関心だが、『戦争論』では戦略の諸要素の一つとして「精神的要素」があげられており、「精神」「意志」「勇気」などへの言及が多く、また「精神的戦闘力」

＊56 アメリカ軍の従軍チャプレン制度について、詳しくは、石川明人『戦場の宗教、軍人の信仰』（八千代出版、二〇一三年）を参照。
＊57 山崎拓馬「日清・日露戦争と従軍僧・従軍神官」（荒川章二、河西英通、坂根嘉弘、坂本悠一、原田敬一編『地域のなかの軍隊8 基礎知識編 日本の軍隊を知る』吉川弘文館、二〇一五年、所収）を参照。また、日本軍内におけるキリスト教宣教に関しては、石川の前掲書を参照。
＊58 アルフレート・ファークツ（望田幸男訳）『ミリタリズムの歴史――文民と軍人』福村出版、一九九四年、一二頁。ファークツがここで念頭に置いているのは、救世軍とイエズス会である。

という言葉も用いられている。[*59] 戦争の大義を示し、戦闘員の士気を鼓舞し、勇敢に戦わせるよう機能する広い意味での宗教、ないしは疑似宗教的要素も、軍事において無視できない役割を果たしてきたのである。

*59 クラウゼヴィッツの「精神」「意志」「勇気」などに関する議論は必ずしも明快とは言えないが、彼がそれらを重視していることは明らかである。例えば彼は、「勇気と自信」を「戦争に本質的な原理」であり「軍人の操守すべき諸徳のうちで最も高貴な徳」であると述べている（『戦争論』上巻、篠田英雄訳、岩波文庫、一九六八年、五五頁）。また彼は「戦闘力」という概念を用いる際に「物理的戦闘力」のみならず「精神的戦闘力」も併せて考えねばならないとしている（同、八二頁）。さらに、彼は「戦略」の五つの要素として、「物理的要素」「数学的要素」「地理的要素」「統計的要素」に加えて「精神的要素」もあげ、そこには「精神的特性および精神的効果によって生じる一切のもの」が属するとしている（同、二六六頁）。

終章

文化、戦争、平和

結局すべてが武器になる

「兵器の新概念」

「総力戦」という言葉がある。これは一九三五年に刊行されたエーリヒ・ルーデンドルフの著書のタイトルに用いられて以降一般にも定着したとされており、現在では二〇世紀前半の二つの世界大戦の様相を指す用語として使われることが多い。[*1] だが、戦争は基本的にはそれぞれの当事者がその時に利用可能なものを総動員してなされるものなので、結局全ての戦争は「総力を用いた戦い」でしかありえないとも言える。

一九九九年、中国人民解放軍の二人の大佐、喬良《きょうりょう》と王湘穂《おうしょうすい》は、「超限戦」という言葉を用いて、今後は「すべての非戦争行為は、未来戦争の新たな要素になりうる」[*2] と述べた。彼らによれば、これからはあらゆるものが手段となり、あらゆるところが戦場になり、すべて

＊1　普通「総力戦」という言葉は、すべての国民やすべての物的資源を総動員して戦闘員と非戦闘員の区別も曖昧になった戦争形態を指す。総力戦時代においては、戦争の勝敗は戦場での戦い方というよりも、国家の工業力、技術力が重要であることが明らかになり、労働力を動員する能力も重要であることから、思想やイデオロギー、あるいは教育の役割が大きくなったともいわれる。詳しくは、山之内靖著、伊豫谷登士翁、岩崎稔、成田龍一編『総力戦体制』（ちくま学芸文庫、二〇一五年）、石津朋之『戦争学原論』（筑摩書房、二〇一三年）二〇八〜二二五頁などを参照。

＊2　喬良、王湘穂（坂井臣之助監修、劉琦訳）『超限戦——21世紀の「新しい戦争」』共同通信社、二〇〇一年、二二二頁。

くというのである。

の兵器や技術が組み合わされて、戦争と非戦争、軍事と非軍事という境界が打ち破られてい

彼らの議論で興味深いキーワードの一つは「兵器の新概念」である。この二人によれば、「新概念の兵器」は単に伝統兵器の範囲を超えたもので、あくまでも従来的な兵器の延長上にあるのに対して、「兵器の新概念」というのは新しい兵器観のことであり、軍事領域をこえて戦争に利用できるものをすべて兵器とみなすことを意味する。その見方によれば、人為的に操作された株価の暴落、コンピューターへのウイルスの侵入、敵国の為替レートの異常変動、インターネット上に暴露された敵国首脳のスキャンダルなど、すべて兵器の新概念の列に加えられ、兵器にならないものなど何一つないというのである。「一般人、軍人を問わず、その身の回りにある日常的な事物を戦争を行う兵器に豹変させてしまう」のが「兵器の新概念」である。[*3]

そして彼らは「非軍事の戦争行動」という概念も提示して、貿易戦、金融戦、新テロ戦、生態戦、さらに心理戦、密輸戦、メディア戦、麻薬戦、ハッカー戦、技術戦、資源戦、経済援助戦、国際法戦など、さまざまな例を挙げ、「明日か明後日に起きるいかなる戦争も、武力戦と非武力戦をミックスしたカクテル式の広義の戦争になるだろう」[*4]と述べている。ここでは、この二人の議論そのものの批評はしないが、私が本書でこれまで意識してきたことは、彼らの言う「兵器の新概念」と重複する部分も多い。

武と文を分けない

こうした考えの下では、科学や技術だけでなく、広い意味での文系的知の重要性も無視できないものになる。『孫子』の「戦わずして人の兵を屈するは善の善なるものなり」[*5]というよく知られた一文は、やや大きく言い換えるならば、狭義の「武」も大事だが「文」も極めて重要だということでもあるだろう。同じ中国武経七書の一つである『六韜《りくとう》』にも「文伐《ぶんばつ》」（文をもって人を伐《う》つ）という言葉があり、武力を行使しないで敵を征服するための一二の方法が述べられている。[*6]

かつて毛沢東も、中国人民の解放を目指す闘争には「文」と「武」の二つの戦線があり、「銃を手にした軍隊」だけではだめで「文化の軍隊」も必要だと述べていた。[*7]その時彼が厳密に何を考えていたかについては慎重に推察する必要があるが、これらの表現自体は興味深い。

＊3　同書、三九頁。
＊4　同書、六六〜七三頁。
＊5　『孫子』（浅野裕一訳）講談社学術文庫、一九九七年、四一頁。
＊6　『六韜』（林富士馬訳）中公文庫、二〇〇五年、七〇〜七四頁。
＊7　毛沢東（藤田敬一、吉田富夫訳）「文芸講話」（『遊撃戦論』中公文庫、二〇〇一年）八七頁。彼はここで「文芸」を「人民を団結させ教育し、敵を攻撃し消滅する有力な武器」だとも述べている（八八頁）。

とにかく、およそ「戦い」の目的が要するに相手を自分たちの意思に従わせることであるならば、「武」と「文」の二つを対立したり矛盾したりするものと捉える必然性はなく、むしろ二つは状況に応じて使い分けるべきものと考えるのが自然であろう。

それぞれの時代や社会で利用可能なあらゆるものを総動員するのが戦争であるならば、戦争・軍事はすなわち文化に他ならないと言ってもいいかもしれない。イギリスの歴史学者ジョン・キーガンは、クラウゼヴィッツ的な戦争観の限界を指摘し、戦争は政治よりもはるかに広い領域を含んでいると主張した。キーガンによれば、「戦争は人類の歴史と同じくらい古く、人間の心のもっとも秘められたところ、合理的な目的が雲散霧消し、プライドと感情が支配し、本能が君臨しているところに根ざしている」[*8]という。そして彼は、「戦争とはつねに文化の発露であり、またしばしば文化形態の決定要因、さらにはある種の社会では文化そのものなのである」[*9]と論じた。

武器・兵器についての新しい見方は、軍事観、戦争観の修正を迫るものになるだろうが、それは同時に平和観についての再考も迫るだろう。結局すべてが武器になりうるならば、戦争や軍事はどこまでも拡散していき、平時と戦時の区別も曖昧になり、平和に貢献するものも、戦争に貢献するものも、同じ文化という地平に並べるしかなくなるからである。だが「文化」とは、一般には「良いもの」のことを指すと考えられることが多いので、戦争や軍事もまた文化である、という言い方には違和感を覚える人もいらっしゃるかもしれない。この点について、簡単にみておこう。

戦争と軍事は「文化」ではない？

一例としてあげられるのは、柳田國男の「文化」理解である。

柳田の時代（一八七五〜一九六二年）は、まだ「文化」という日本語は新しいものであった。その言葉の意味についての共通理解は曖昧なまま、人々はさまざまな文脈でその言葉を使っていた。そんな中、柳田は、まだ日中戦争が始まる前の一九三四年に、「文化運搬の問題」という文章を書いている。そのなかで柳田は、「文化」とはすなわち「改良」の意味であるとし、それは「原始」という語に対立するものでもあると論じた。そして「忘れ去られた文化因子」の具体例として、武器の話、すなわち鉄砲が発明されて弓矢が廃れたことなどを挙げている。[*10] つまり、武器が改良されていくことも「文化」の一部であるということであり、

＊8　ジョン・キーガン（遠藤利国訳）『戦略の歴史――抹殺・征服技術の変遷』心交社、一九九七年、一四頁。
＊9　同書、一二三頁。
＊10　柳田國男「文化運搬の問題」（『定本 柳田國男集』第二四巻、筑摩書房、一九七〇年）四五三〜四五四頁。以下、『定本 柳田國男集』からは、旧字体や仮名遣いを現代風にあらためて引用する。

少なくともこの段階では、戦争や軍事に関連するものを「文化」から除外するような議論はなされていない。

ところが、その後、日中戦争が行われている一九四一年、真珠湾攻撃の約半年前に書かれた「たのしい生活」と題する文章では、「文化」に対する彼の理解は少し変化している。まず柳田は、「文化」概念は確かに難しいもので、それを簡単に定義することはできないとしつつも、その言葉が乱用されている状況には批判的な目を向けている。そして、さしあたり「文化」を「或国の或時代における新旧内外さまざまなる生活様式の調和した状態、若しくは配合した状態の名である」[*11]としたうえで、当時使われていた「国防文化」「戦争文化」という言葉についても考え直さねばならないことを示唆している。そして注目すべき点は、柳田はそうした議論をしながら、最終的には「文化」を「平和的なもの」「楽しいもの」であると強調しているところである。彼は、次のように述べている。「皆さんに是非説いて見たいと思いますことは、文化は如何なる場面に於いても楽しいものであるということでありま す。（中略）楽しい生活こそは文化の本来の姿であり、それをもう一段とより高くすることが文化の向上となるものだと私は思って居ります」[*12]。ここで柳田が「楽しい」という言葉で意味しているのは、「多数の人が一緒になって喜び合うこと」であるという。

こうした文章を読む限り、柳田の考えでは戦争・軍事は「文化」とはみなしにくいことになるであろう。彼はその翌年、一九四二年に書いた「文化と民俗学」という文章のなかでも、自分が「文化」とは何かを孫たちにも説明してみせたいと思うのは、「文化」は「彼等の組織する大切な社会の、平和と康寧との基礎となると信ずるから」[*13]であると述べている。日中戦争前は、単に「改良」の意味とされ、「原始」と対立するものと解されていた「文化」概念は、戦争が始まってからは、「平和」「康寧」「楽しい生活」と結びつけられるようになっていったのである。

「文化的平和国家」

このような「文化」という言葉の用いられ方は、太平洋戦争が終わった直後における政治家の発言のなかでも顕著に見られた。ポツダム宣言受諾後におこなわれた東久邇首相の施政方針演説を報道した一九四五年九月六日付け『朝日新聞』の見出しは「万邦共栄　文化日本

＊11　柳田國男「たのしい生活」（『定本　柳田國男集』第三〇巻）一九六頁。彼は、「私は文化というものをコンプレックス（複合体）であろうと思って居るのであります。新旧さまざまな分子の現在に於ける調和状態の名前だと思って居るのであります」とも述べている（一九九頁）。
＊12　同書、二〇一頁。
＊13　柳田國男「文化と民俗学」（『定本　柳田國男集』第二四巻）四七八頁。

を再建設」となっており、同月一〇日のラジオ放送でも、文部大臣は「文化日本の建設へ科学的思考力を養おう」と告げた。同月一六日の『朝日新聞』でも、首相はアメリカ人特派員に対して「軍国主義を一掃し、道義高き文化国へ」と語ったと報道されている。さらに翌年、一九四六年一月二日の『朝日新聞』でも文部大臣の訓令が紹介されており、そこでは「天皇陛下には文化的平和国家建設に邁進すべき新年元旦にあたり異例の大詔《たいしょう》を渙発され……」と述べられており、やはり「文化」という言葉が出てきている。*14

要するに、戦争が終わった直後の日本では、新しい日本、平和的な日本を建設していく、という意思をあらわすために「文化」という言葉が多用されたのだ。「文化日本」とか「文化国」という言葉には、つまり、軍国主義ではない、という意味が込められていたのである。こうしたイメージや印象が、現在にも続いているのであろう。確かに、日本語の「文化」は、中国語の「文治教化」、すなわち「刑罰威力を用いずに人民を教化すること」に由来する言葉だとされている。したがって、その限りでは「文」とは「武力を用いないこと」だという理解は正しい。戦争・軍事は文化である、という言い方に対して違和感を抱かれるとするならば、それはまず大まかには、こうした「文化」理解を前提にしているからだと思われる。しかし、これはそれで話が済むほど単純な問題ではない。

というのは、「文化」は大正期から英語の culture やドイツ語の Kultur の訳語としても用いられるようになっているからである。そして同じ西洋語ではあっても、英語の culture とドイツ語の Kultur とのあいだにもかなり大きな意味の違いがある。ドイツ語の Kultur は軍国主義とは対立せず、むしろ両立するのであり、現に第一次大戦時にドイツは正面から Kultur を掲げて戦った。もちろん Kultur が必然的に軍国主義と結びつくと言っているのではなく、あくまでも、両者は矛盾するとは限らないという意味だが、とにかく日本語の「文化」には、そうした中国渡来の意味と、ドイツ的なニュアンスと、日本独自の解釈とが混在して現在にいたっているのであり、常に必ず柳田國男的な「楽しい生活」という平和的な意味で捉えるのが正解というわけではない。「文化」の概念はそれだけで実に大きな研究テーマになってしまうものであるが、もう少し見てみよう。

「文化」の語源

まず語源だが、英語の culture はラテン語の cultura に由来する。それは第一に「農耕」「耕作」の意味だが、さらに「養成」「修養」、そして「礼拝」「崇拝」といった意味もある。この語は一世紀のキケロらによって、魂の耕作という理解から「教養」「心の練磨」という意味で

*14　これらについては、柳父章『一語の辞典　文化』（三省堂、一九九五年）五〜八頁を参照した。

も使われるようになり、中世では「耕作された土地」「宗教祭祀」の意味で用いられることが多くなったが、近代以降、再び「教育」「教養」「文化」など、人間精神の能動的作用と結び付けられるようになっていった。*[15] 元の意味は「農耕」「耕作」であるということは、つまり自然に手を加えるということであるから、したがって「文化」の逆は nature（自然）だとされることが多い。ただし、「自然」という言葉には nature の訳語という以前に、漢籍にも老子の古い用例があるし、仏教用語としての「自然」（じねん）にも長い歴史がある。「自然」（nature）と対立するのは人為的なものであって、むしろ「芸術」（英語の art、ドイツ語の Kunst）であるとされることもある。またさらに、「自然」を外的経験の対象の総体として捉えて、その逆は「精神」であるとされることもあるなど、このあたりの事情はわりと複雑である。*[16] 詳細についてこれ以上は触れないが、少なくとも、まず西洋的語源のレベルでは「文化」が戦争や軍事と矛盾すると考える根拠はなさそうだ。

先ほど、日本語の「文化」は中国語の「文治教化」に由来すると述べ、それが「文化」と戦争・軍事は矛盾すると考えられる根拠の一つだと紹介した。しかし、日本語の辞書では、「文化」は「文治教化」だけでなく「文明開化」の略字的側面を持っているとも解説されている。「文化」について考えるうえでは、やはり「文明」という語についてもあわせて考える必要が出てくる。

曖昧な「文化」と「文明」

幕末以来civilizationの概念がもたらされ、それは「文明」と訳されたが、「文化」と訳されたこともあった。しばらく両者の違いは曖昧だったようである。「文明」も中国渡来の古い言葉だが、福沢諭吉がcivilizationを「文明」「文明開化」と訳したのは周知の通りである。

柳父章がまとめているところによれば、西周の講義を永見裕が筆録した『百學連環』(一八七〇年)ではcivilizationは「開化」とされており、一八六七年に幕府の開成所から出された『英和対訳袖珍《しゆうちん》辞書』ではcivilizationは「礼儀正シキ事、開化スル事」で、cultureは「耕作、育殖、教導修善」とされている。そして一八八六年に出た柴田昌吉と子安峻の『英和字彙』では、civilizationは「開化、教化」で、cultureは「耕種、修行、教育、教化」とされている。著名な宣教師ヘボンの『和英語林集成』(一八八六年、第三版)では、civilizationが「開化、教化」で、cultureは「学問、教育、風雅」である。島田豊の『双解英和大辞典』(一九〇三年)では、civilizationが「教化する事、開化、文明」で、cultureは「耕す事、耕作、稼穡《かしょく》、栽培、培養、攻修、琢磨、練習、教化、開化、博雅、文雅」となっているようだ。

＊15　『哲学・思想事典』岩波書店、一九九八年。「文化」の項目を参照。
＊16　詳しくは、柳父章『翻訳語成立事情』(岩波新書、一九八二年)一二七〜一四八頁を参照。

大槻文彦の『言海』（一八九一年）では、「文化」は「文学教化ノ盛ニ開クル事」で、「文明」は「文学、知識、教化、善ク開ケテ、政治甚ダ正シク、風俗最モ善キ事」となっている。また、柳父によれば、吉岡徳明の『開化本論』でも「文化」は「文明」と同じ意味で使われており、夏目漱石も「戦後文界の趨勢」（一九〇五年）という談話の記録のなかで、「文化」と「文明」をほぼ同じ意味の言葉として使っていたと述べている。[*17]

三木清による「文化」

哲学者の三木清は、一九四一年に行った「科学と文化」と題した講演で、文化と文明の概念についてやや詳しく論じている。三木によれば、日本語でまず先に現れたのは「文明」という言葉の方で、それは明治期に入ってきた英語のcivilizationからきている。それに対して、「文化」はそれよりもずっと遅れて大正時代になってから、ドイツ語のKulturの訳語として現れたものだという。文明開化というときの「開化」は英語ではenlightenmentに相当し、それを逆に日本語に訳すと「啓蒙」でもあり、つまり文明開化という言葉は、封建的な蒙昧や非合理に対するものを意味していたとされる。そしてシビリゼーションというのは近代的な市民（civilian）になって近代的な生活を確立するということを指していたので、「近代市民性という一つの政治的な考え方[*18]」が文明という考え方の基礎になったと指摘している。その一方で「文化」は、「教養」という考え方と密接な関係にあり、「文明」が政治的な色彩を持っていたのに対して、「教養」は非政治的ないしは反政治的なものであったという。文明開化というのが近代的で合理的なもの、あるいは福沢諭吉などが言ったような実学、つまり近代の科学や技術と結びついたものを尊重したのに対して、「教養」という概念において尊重されたのは文学的なものや哲学的なものであったのだ。

ここで面白いのは、哲学とか文学といったものの方が、科学的あるいは技術的なものよりも高みにあるもの、ないしは深みのあるものといった考えがあったことである。「文明」は物質文明に過ぎないが、「文化」は精神文化であって、つまりは文化の方が高尚だという捉え方である。それは特にドイツ語における Kultur において顕著だとされる。三木によれば、イギリスやフランスに対して遅れていたドイツは、それらの国に対して自分たちの固有性をどう主張するか、つまり先進国に対して自らがいかにしてその意義や価値を主張できるかを考えた際に、自分たちの持っているものを特に Kultur と称し、イギリスやフランスの「文明」

＊17　これら「文明」と「文化」の対照については、柳父章『一語の辞典　文化』一九〜四〇頁を参照した。
＊18　三木清「科学と文化」（『三木清全集』第一七巻、岩波書店、一九六八年）五九一頁。日本語を現代風にあらためて引用した。

を軽蔑して一層下に見る、という考え方をした。この意味での文化において強調されたのは、近代的な科学や技術ではなく、文学的、哲学的、あるいは感情的、思弁的なものだったというわけである。三木は、イギリスにおける「文化」は当時の世界支配、世界経済の支配ということに相応して文化の世界性が強調されたのに対して、ドイツにおいては逆に、文化の歴史性あるいは国民性が強調された、とも指摘している。*[19]

柳父章も基本的にはこうした三木清の「文化」理解に同意し、カント、ニーチェ、テンニエス、シュペングラーなどにおけるドイツ語のKultur（文化）とZivilisation（文明）の使われ方を紹介し、「文化」は「文明」によって脅かされているという図式があったと指摘したうえで、第一次大戦は「フランスのシヴィリザシオン（文明）」VS「ドイツのクルトゥール（文化）」というイデオロギーの戦いであったとも言える、と述べている。*[20]

文化としての戦争

しばしば「文化」概念の定義について議論される際は、イギリスの文化人類学者E・B・タイラーが『原始文化』の冒頭で述べたものが紹介される。厳密には、タイラーは「文化または文明とは……」と言って述べ始めているのだが、彼はそれを「知識、信念、技術、道徳、法、慣習など、社会の成員としての人間が身につけるあらゆる能力と習慣からなる複合的な全体である」と定義した。[*21] 今の私たちの「文化」理解も、基本的にはこのようなイメージのものであると考えていいだろうか。

現在の日本語の辞書や百科事典等では、精神的な働きによって生み出された成果の総体が「文化」であり、技術的および物質的な成果の総体は「文明」として区別される、というドイツ的な見方を解説しているものもある。[*22] だが、「文化」をより広く、社会の成員が習得・共有している行動様式から物質的側面まですべてを含めるものとして捉え、「言語、思想、信仰、慣習、タブー、掟、制度、道具、技術、芸術作品、儀礼、儀式などから構成される」と解説しているものもある。[*23] ここではそのような、人間の行動様式や生活様式、および精神的所産

＊19　同書、五九五頁。
＊20　柳父章『一語の辞典　文化』六五頁。
＊21　エドワード・B・タイラー（奥山倫明、奥山史亮、長谷千代子、堀雅彦訳）『原始文化』（上）国書刊行会、二〇一九年、九頁。タイラーのこの「文化」「文明」概念については、同書下巻の巻末にある長谷千代子による解説「タイラーについて――文化人類学の視点から」でも整理されている。彼女によれば、タイラーにおいて「文明」の方は、「野蛮」から「未開」、そして「文明」へ、という図式のなかで用いられており、高度な状態に到達する道筋や法則性が意識されているのに対して、「文化」は「文明」よりもニュートラルに使用可能で、細分化の可能性や具体性を感じさせられるという。詳しくは、『原始文化』（下）五三七～五四一頁を参照。
＊22　『明鏡国語辞典（第二版）』（大修館書店、二〇一〇年）など。

と物質的所産をトータルに包含する広い意味で「文化」を捉えることにしよう。すると、そのなかに、武器や兵器、戦術や戦略、軍隊、徴兵制、正戦論、武士道や騎士道、軍人勅諭や戦陣訓など、戦争や軍事に関する物や技術や制度や思想も、当然含まれることになるであろう。

ある集団とのあいだで対立が生じた際、最終的には組織的な戦闘によって問題を解決しようと考え、その方針を仲間のあいだで共有し、団結して工夫を凝らしながら計画的にそれを実践する、というのは極めて人為的な営みであって、決して「自然」な営みではない。日本軍の「特攻隊」も「バンザイ突撃」も、決して生物としての遺伝や本能によるものではなく、良いか悪いかは別にして、一九四〇年代前半までの日本にのみ独特な「文化」だったわけである。

文化は「良いもの」なのか

確かに「文化」には、基本的には「良いもの」「好ましいもの」として認識される傾向もある。かつては「文化住宅」「文化村」「文化的生活」という使われ方もされたように、「文化」はしばしば単純に「近代的なもの」あるいは「欧米風のもの」をイメージして用いられることもあった。現在ではそのような用法は少ないと思われるが、それでも「便利なこと」「快適なこと」、少なくとも漠然と「良いもの」というイメージは残っている。例えば、一九四七年に施行された日本国憲法では、第二五条に「すべての国民は、健康で文化的な最低限度の生活を営む権利を有する」と書かれている。その翌年、一九四八年に国連で採択された世界人権宣言でも、「文化的権利」（第二二条）とか「文化生活」（第二七条）という言葉が使われている。

いずれにおいてもその「文化」の意味はあまりはっきりしてはいないが、基本的には良い状態、良い環境、といったポジティブな意味で用いられていることは明らかであろう。生活の質が健全であること、あるいは一定以上の生活水準が守られていることという意味か、あるいは、以前の時代とくらべて向上していること、というニュアンスも含まれているかもしれない。

「文化」の一部である道具や機械は、確かに常に改良され、科学も進歩・発展していく。柳田國男が文化を「改良」という点からも理解しようとしたように、改良・改善・進歩・発展という意味で、「文化」は良いもの、楽しいもの、好ましいものだと捉えられる傾向もある。しかし、例えば文化の一構成要素である「言語」は、新語・造語は常に現れるにしても全体的な文法や発音は変わりにくい。変わるにしても、それは時代とともに「改善」されていくというわけではないし、「進化」というわけでもない。また、宗教・道徳・自然観・芸術様式など、広い意味での価値に関わる文化も、時代とともに変化はしていくが、それもまた必

＊23 『ブリタニカ国際大百科事典』（ブリタニカ・ジャパン、二〇一五年）における「文化」の項目を参照。

ずしも「改善」「改良」「進歩」を意味するわけではない。しかし、継承されるものも、変化するものも、全体として「創造的」であるということはできるかもしれない。「文化」の良さ、好ましさというのは、改良や進歩だけでなく、広い意味での「創造性」にあるともいえそうだ。

戦争は専ら「破壊的」なのか

現代において「文化」について議論をする際は、ある国や地域の文化が他の国や地域の文化よりも善いとか悪いとか、優れているとか劣っているとか、そうした判断はしない。いわゆる文化相対主義には批判もないわけではないが、現在ではさまざまな「文化」は対等に扱うのが一般的だと言っていい。それぞれの創造性を尊重しているからである。だが、まさにこの「創造性」という点から、戦争・軍事を文化とはみなせないという見方もあるかもしれない。文化としての優劣や善悪ではなく、文化的所産そのものに対する姿勢が問題にされるわけである。すなわち、戦争は「創造的」の逆で、「破壊的」な行為なのだから、文化の一面どころか、むしろ文化を否定するものではないか、という意見である。

言いたいことはわかる。しかし、漢字の「創」は、「創造」の創であると同時に「満身創痍」の創でもある。創という字には、「初めてつくり出す」という意味に加えて、「きず」「きずつける」という意味もあるのだ。破壊性と創造性はしばしば表裏一体でもあるだろう。戦争というのは、当事者としては自分たちの社会や文化を「守るため」と意識してなされるものだとも言える。確かに相手に対しては「破壊的」な態度をとることになるけれども、その目的は破壊そのものではなく、最終的には自分たちの生活様式を維持するため、ないしは豊かにしたり高めたりするためであり、つまり創造的であるとも言える。戦う人々が殺人や破壊の先に見据えているのは決して「虚無」ではなく、自分たちにとっては美しい社会であり、正しい秩序なのである。創造的で、建設的だからこそ、手段としての破壊が必要となり、正当化されるのだ。

個々の軍事技術も、善いか悪いかは別にして、明らかに創造的である。もし戦争や軍事はひたすら破壊的なものであって、いかなる意味でも創造性がないならば、私たちはいまだに木の棒と石で戦っているはずである。

戦争・軍事も、所詮は文化

すでに見てきたように、戦争をするには、狭い意味での武器だけではなく普段の生活でも用いている衣食住その他にかかわるさまざまな物品も不可欠である。戦争においても食べるものや着るものは必要で、情報を得たり伝えたりする道具も必要で、荷物を運搬する道具や、移動するための乗り物も必要で、語学や数学も駆使される。狭い意味での「武器」は珍しいから非常に目立つけれども、意外なものも武器とされてきたし、実際に戦争・軍事を支えているのは、むしろ平時にも活躍する文化的所産ばかりだと言っていい。

そもそも戦争というものに対する考え方は、その時代の宗教、倫理、その他の思想の影響を受けて形成され、政治・経済のシステム、教育や法律など、種々の社会制度も重要なファクターとなっている。軍事組織ではさまざまな教育がなされ、研究も重ねられ、計画的に維持・運営がなされていて、各軍、各連隊、各教育機関ではそれぞれ固有の伝統も醸成されている。戦争や軍事は、人によって作られ、準備され、学習され、共有され、継承されていく物や技術や思想や行動様式から成っている以上、やはり結局は文化だと言うしかないだろう。

ミケランジェロやダ・ヴィンチが、芸術と軍事の両方に同時に関わっていたように、両者のあいだには本質的に壁があるわけではない。どちらも「文化」だ。一九八六年に起草された科学者たちによる平和のメッセージ「暴力についてのセビリア声明」の第一命題でも、「戦争行為が時代とともに大きく変化してきたという事実は、すなわちそれが文化の産物であるということを示している」と述べられている。[*24] 一九三〇年代から四五年にかけての日本と、二一世紀現在の日本とでは、「戦争」に対する考えや行動がまるで違うが、それは戦争や軍事が所詮は文化であるからに他ならない。平和が文化の成果であるように、戦争もまた文化の成果である。

「デュアルユース」と「両義性」

さて、少し「文化」についての話が長くなってしまっただろうか。要するにここで確認したいのは、あらゆる文化的所産の「両義性」である。それと似たものとして「デュアルユース」という一九九〇年代からアメリカで用いられ始めた言葉があるが、これは一般的な意味での「両義性」とは少し異なる。科学史学者の杉山滋郎《しげお》は、「デュアルユース」とは単にあらゆるものは軍事利用も民生利用もできるというだけの意味ではなく、兵器や装備品の研究・開発・生産の進め方に関するものでもあって、研究開発や産業振興における特有の政策と結びついた概念であることを念頭におかねばならないとしている。[*25] 山崎文徳も「デュアルユース技術」とはアメリカ政府が軍事に取り込みたいと考える技術の総称であって、国家権力によって動員されるという意味で「技術的な概念というよりは、政治的な概念[*26]」であると指摘している。

＊24　デービッド・アダムズ編集・解説（中川作一訳）『暴力についてのセビリア声明――戦争は人間の本能か』（平和文化、一九九六年）四六頁を参照。引用の訳は石川による。
＊25　杉山滋郎『「軍事研究」の戦後史――科学者はどう向きあってきたか』（ミネルヴァ書房、二〇一七年）一五七〜二一三頁を参照。
＊26　山崎文徳「アメリカの軍事技術開発と「デュアルユース技術」の軍事利用」（『歴史評論』歴史科学協議会、二〇一九年八月号）六六頁。

だが、私がじっくり見つめたいと考えているのは、そうした厳密な意味でのデュアルユースではなく、それ以前の、もっと単純で素朴な意味における文化的所産の「両義性」と、武器という概念の曖昧さである。

私たちは「戦争」というと、つい機関銃、大砲、ミサイルなど特殊な道具が用いられている場面ばかりをイメージする傾向にある。戦争という「悪」はそうした物を用いてこそなされるものだと思っているから、それらに触れないでいる限り自分は「平和」の側の人間でいられると信じ、気軽に戦争を非難したり、軍備に反対したりする。だが、これまで見てきたように、戦争・軍事は、馬や保存食や医薬品、鉄道や飛行機やアルミ合金、レンズやネジや標準化という発想、物理学や語学や文化人類学など、一つひとつとしては決して「悪」ではない物や技術や知識を応用したり、あるいはそれらをさまざまに組み合わせたりして営まれてきた。どこまでは「武器」ではなくてどこからが「武器」になるのかは、どうしても不明瞭であり、結局すべてが武器になるとしか言いようがない。この単純な事実について考えてみると、あらためて、「戦争」は思っていたより手近なものであり、「平和」は思っていたより模糊としたものであると気付く。そして、結局この「戦争」と「平和」の関係性はどうなっているのか、よくわからなくなってきてしまうのである。

武器は平和を知りうるか

だが、わかっていたつもりのことがわからなくなってくる、ということ自体は悪いことではない。それは、これまで当たり前と思っていたものを素直に疑えるようになってきたということであり、何かについての思い込みから脱する先触れでもありうるからだ。

さまざまな物や技術や知識の両義性について見てきて、今さらながら気付くのは、そもそも私たち自身、人間そのものが両義的だということである。私たちの手足は、誰かを支えたり助けたりすることができるが、誰かを殴ったり蹴ったりすることもできる。この口も、誰かに優しい言葉をかけたりすることができるが、悪口や中傷で誰かを追い詰めることもできてしまう。何よりもまず、私たち自身が武器であり、凶器だったのだ。この世のさまざまな武器も、あるいは武器ではないように見えるものも、実はどちらも私たち自身の投影のようなものかもしれない。序章で触れた武器のさまざまな象徴性などともあわせて考えると、武器とは何か、という一見極めて単純な問いは、究極的には、「人間とは何か」「幸福とは何か」という哲学的・宗教的問いと連続しているようにも思えてくる。

そろそろ本書を締めくくらねばならないが、物や技術や知識を戦争のために利用するか平和のために利用するかは結局私たちの心構え次第だ、というような、道徳的・倫理的な掛け声で最後をまとめるのは少々安易であろう。人間は正しく生きようと思っていても、過ちを犯すものである。誰かを守りたいとか、美しい社会を作りたいとか、そういった「信念」でさえ、実は自分で思っているほど無垢なものではない。後になれば大きな過ちだったと気付くことも、それをやっている最中は、正義であるとか、義務であるとか、名誉であるとか思い込んでいるものである。

私たちは、自らもまた武器でありうるにもかかわらず、あるいはそうであるからこそ、平和を求めている。矛盾のようであるが、必然のようでもある。だが、私たちが求めている「平和」とは、結局何なのだろうか。「武器」であっても「平和」を知りうるのだろうか。もう少し、考える時間が必要である。ここでは、ただ、「戦争と平和」を単純に二項対立的なものと捉えてこの問題を考えていくことはやはり無理なのではないか、と述べるにとどめて、筆を擱《お》くことにしたい。

参考図書案内

以下では、本書で引用、参照した邦語文献の主なものを、著者名、編者名の五十音順で挙げる（共著の場合は筆頭者名）。訳書からの引用においては、特にことわりのないかぎり、これらの訳を用いている。

荒井信一『空爆の歴史――終わらない大量虐殺』岩波新書、二〇〇八年
荒木映子『ナイチンゲールの末裔たち――〈看護〉から読みなおす第一次世界大戦』岩波書店、二〇一四年
有馬成甫『火砲の起原とその伝流』吉川弘文館、一九六二年
粟屋憲太郎、中村陵『「総力戦研究所関係資料集」（解説・総目次）』不二出版、二〇一六年
池内了『科学者と戦争』岩波新書、二〇一六年
池内了『科学者と軍事研究』岩波新書、二〇一七年
石川明人『戦場の宗教、軍人の信仰』八千代出版、二〇一三年
石川明人『キリスト教と戦争』中公新書、二〇一六年
石川明人『私たち、戦争人間について――愛と平和主義の限界に関する考察』創元社、二〇一七年
石田英一郎『石田英一郎全集』四巻、筑摩書房、一九七〇年
石津朋之『戦争学原論』筑摩書房、二〇一三年
石津朋之編『戦争の本質と軍事力の諸相』彩流社、二〇〇四年

石津朋之、立川京一、道下徳成、塚本勝也編著『シリーズ軍事力の本質① エア・パワー――その理論と実践』芙蓉書房出版、二〇〇五年
石津朋之、ウィリアムソン・マーレー共編著『21世紀のエア・パワー――日本の安全保障を考える』芙蓉書房出版、二〇〇六年
板垣雄三『イスラーム誤認――衝突から対話へ』岩波書店、二〇〇三年
一ノ瀬俊也『皇軍兵士の日常生活』講談社現代新書、二〇〇九年
井上尚英『生物兵器と化学兵器――種類・威力・防御法』中公新書、二〇〇三年
入江昭『二十世紀の戦争と平和（増補版）』東京大学出版会、二〇〇〇年
アーネスト・ヴォルクマン（茂木健訳）『戦争の科学――古代投石器からハイテク・軍事革命にいたる兵器と戦争の歴史』主婦の友社、二〇〇三年
クリスティアン・ウォルマー（平岡緑訳）『鉄道と戦争の世界史』中央公論新社、二〇一三年
E・E・エヴァンズ=プリチャード（向井元子訳）『ヌアー族の宗教』（上・下）平凡社ライブラリー、一九九五年
江利川春雄『英語と日本軍――知られざる外国語教育史』NHK出版、二〇一六年
ジョン・エリス（越智道雄訳）『機関銃の社会史』平凡社ライブラリー、二〇〇八年
大瀧真俊『軍馬と農民』京都大学学術出版会、二〇一三年
小川寛大『南北戦争――アメリカを二つに裂いた内戦』中央公論新社、二〇二〇年
小倉磐夫『カメラと戦争――光学技術者たちの挑戦』朝日文庫、二〇〇〇年
小倉磐夫『国産カメラ開発物語――カメラ大国を築いた技術者たち』朝日選書、二〇〇一年
小野豊明、寺田勇文編『南方軍政関係史料一六 比島宗教班関係史料集』第一巻、第二巻、龍溪書舎、一九九九年

ナイジェル・オールソップ（河野肇訳）『世界の軍用犬の物語』エクスナレッジ、二〇一三年
片山杜秀『革命と戦争のクラシック音楽史』ＮＨＫ出版新書、二〇一九年
アザー・ガット（石津朋之、永末聡、山本文史監訳、歴史と戦争研究会訳）『文明と戦争』（上・下）中央公論新社、二〇一二年
加藤朗『兵器の歴史』（ストラテジー選書①）芙蓉書房出版、二〇〇八年
金子常規『兵器と戦術の世界史』中公文庫、二〇一三年
金子常規『兵器と戦術の日本史』中公文庫、二〇一四年
ラリー・カハナー（小林宏明訳）『ＡＫ－47――世界を変えた銃』学習研究社、二〇〇九年
ジョン・キーガン（遠藤利国訳）『戦略の歴史――抹殺・征服技術の変遷』心交社、一九九七年
ジョン・キーガン（並木均訳）『情報と戦争――古代からナポレオン戦争、南北戦争、二度の世界大戦、現代まで』中央公論新社、二〇一八年
ジョン・キーガン、リチャード・ホームズ、ジョン・ガウ（大木毅監訳）『戦いの世界史――一万年の軍人たち』原書房、二〇一四年
ジョゼフ・ギース、フランシス・ギース（栗原泉訳）『大聖堂・製鉄・水車――中世ヨーロッパのテクノロジー』講談社学術文庫、二〇一二年
喬良、王湘穂（坂井臣之助監修、劉琦訳）『超限戦――21世紀の「新しい戦争」』共同通信社、二〇〇一年
熊谷直『気象は戦争にどのような影響を与えたか――近現代戦に見る自然現象と戦場の研究』光人社ＮＦ文庫、二〇一九年
熊谷直『軍用鉄道発達物語』光人社、二〇〇九年

レスター・グラウ、マイケル・グレス編（黒塚江美訳）『赤軍ゲリラ・マニュアル』原書房、二〇一二年
カール・フォン・クラウゼヴィッツ（篠田英雄訳）『戦争論』（上・中・下）岩波文庫、一九六八年
メルヴィン・クランツバーグ（橋本毅彦訳）「コンテクストのなかの技術」（『岩波講座 現代思想13 テクノロジーの思想』岩波書店、一九九四年、所収）
R・G・グラント編著（樺山紘一監修）『戦争の世界史大図鑑』河出書房新社、二〇〇八年
R・G・グラント（等松春夫監修、山崎正浩訳）『兵士の歴史大図鑑』創元社、二〇一七年
栗本英世『未開の戦争、現代の戦争』岩波書店、一九九九年
マーチン・ファン・クレフェルト（佐藤佐三郎訳）『補給戦――何が勝敗を決定するのか』中公文庫、二〇〇六年
マーチン・ファン・クレフェルト（石津朋之監訳）『戦争文化論』（上・下）原書房、二〇一〇年
マーチン・ファン・クレフェルト（源田孝訳）『エア・パワーの時代』芙蓉書房出版、二〇一四年
アルフレッド・W・クロスビー（小沢千重子訳）『飛び道具の人類史――火を投げるサルが宇宙を飛ぶまで』紀伊國屋書店、二〇〇六年
源田孝『アメリカ空軍の歴史と戦略』（ストラテジー選書③）芙蓉書房出版、二〇〇八年
後藤総一郎監修、柳田国男研究会編著『柳田国男伝』三一書房、一九八八年
小村不二男『日本イスラーム史――戦前、戦中歴史の流れの中に活躍した日本人ムスリム達の群像』日本イスラーム友好連盟、一九八八年
斎藤利生『武器史概説』学献社、一九八七年
阪口修平、丸畠宏太編著『近代ヨーロッパの探求⑫ 軍隊』ミネルヴァ書房、二〇〇九年
阪口修平編著『歴史と軍隊――軍事史の新しい地平』創元社、二〇一〇年

佐藤健太郎『世界史を変えた薬』講談社現代新書、二〇一五年
佐藤健太郎『世界史を変えた新素材』新潮選書、二〇一八年
佐原真（金関恕、春成秀爾編）『戦争の考古学（佐原真の仕事4）』岩波書店、二〇〇五年
フランシスコ・ザビエル（河野純徳訳）『聖フランシスコ・ザビエル全書簡』平凡社、一九八五年
アナスタシア・マークス・デ・サルセド（田沢恭子訳）『戦争がつくった現代の食卓――軍と加工食品の知られざる関係』白揚社、二〇一七年
スー・シェパード（赤根洋子訳）『保存食品開発物語』文春文庫、二〇〇一年
志村辰弥『教会秘話――太平洋戦争をめぐる』中央出版社、一九七一年
ヘルマン・シュライバー（関楠生訳）『道の文化史』岩波書店、一九六二年
白幡俊輔『軍事技術者のイタリア・ルネサンス――築城・大砲・理想都市』思文閣出版、二〇一二年
サイモン・シン（青木薫訳）『暗号解読』（上・下）新潮文庫、二〇〇七年
新村拓『健康の社会史――養生、衛生から健康増進へ』法政大学出版局、二〇〇六年
菅豊編『人と動物の日本史3　動物と現代社会』吉川弘文館、二〇〇九年
杉本竜「軍馬と競馬」（菅豊編『人と動物の日本史3 動物と現代社会』吉川弘文館、二〇〇九年、所収）
杉山滋郎『「軍事研究」の戦後史――科学者はどう向きあってきたか』ミネルヴァ書房、二〇一七年
鈴木真二『飛行機物語――羽ばたき機からジェット旅客機まで』中公新書、二〇〇三年
エドワード・M・スピアーズ（上原ゆうこ訳）『化学・生物兵器の歴史』東洋書林、二〇一二年
キャサリン・アレン・スミス（井本晌二、山下陽子訳）『中世の戦争と修道院文化の形成』法政大学出版局、二〇一四年

アルド・A・セッティア（白幡俊輔訳）『戦場の中世史――中世ヨーロッパの戦争観』八坂書房、二〇一九年
『孫子』（浅野裕一訳）講談社学術文庫、一九九七年
ヴェルナー・ゾンバルト（金森誠也訳）『戦争と資本主義』講談社学術文庫、二〇一〇年
ジャレド・ダイアモンド（倉骨彰訳）『銃・病原菌・鉄――一万三〇〇〇年にわたる人類史の謎』（上・下）草思社、二〇〇〇年
ダイヤグラムグループ編（田島優、北村孝一訳）『武器――歴史・形・用法・威力』マール社、一九八二年
エドワード・B・タイラー（奥山倫明、奥山史亮、長谷千代子、堀雅彦訳）『原始文化』（上・下）国書刊行会、二〇一九年
竹内正浩『鉄道と日本軍』ちくま新書、二〇一〇年
武田珂代子『太平洋戦争 日本語諜報戦――言語官の活躍と試練』ちくま新書、二〇一八年
田中利幸『空の戦争史』講談社現代新書、二〇〇八年
寺田勇文「宗教宣撫政策とキリスト教会」（池端雪浦編著『日本占領下のフィリピン』岩波書店、一九九六年、所収）
寺前直人『武器と弥生社会』大阪大学出版会、二〇一〇年
土井全二郎『軍馬の戦争――戦場を駆けた日本軍馬と兵士の物語』光人社、二〇一二年
リチャード・ドーキンス（日高、岸、羽田、垂水訳）『利己的な遺伝子』紀伊國屋書店、一九九一年
中生勝美『近代日本の人類学史――帝国と植民地の記憶』風響社、二〇一六年
中山秀太郎『機械発達史』大河出版、一九八七年
西山勝夫編著『戦争と医学』文理閣、二〇一四年

21世紀研究会編『武器の世界地図』文春新書、二〇一五年
日本機械学会編『新・機械技術史』丸善、二〇一〇年
日本のフィリピン占領期に関する史料調査フォーラム編『インタビュー記録 日本のフィリピン占領』龍溪書舎、一九九四年
マクレガー・ノックス、ウィリアムソン・マーレー編著（今村伸哉訳）『軍事革命とRMAの戦略史――軍事革命の史的変遷』芙蓉書房出版、二〇〇四年
バリー・パーカー（藤原多伽夫訳）『戦争の物理学――弓矢から水爆まで兵器はいかに生み出されたか』白揚社、二〇一六年
橋口倫介『十字軍騎士団』講談社学術文庫、一九九四年
橋本毅彦『「ものづくり」の科学史――世界を変えた《標準革命》』講談社学術文庫、二〇一三年
アーノルド・パーシー（林武、東玲子訳）『世界文明における技術の千年史――「生存の技術」との対話に向けて』新評論、二〇〇一年
チャールズ・H・ハスキンズ（別宮貞徳、朝倉文市訳）『十二世紀のルネサンス――ヨーロッパの目覚め』講談社学術文庫、二〇一七年
林克也『日本軍事技術史』青木書店、一九五七年
アレッサンドロ・バルベーロ（西澤龍生、石黒盛久訳）『近世ヨーロッパ軍事史』論創社、二〇一四年
ダニエル・ピック（小澤正人訳）『戦争の機械――近代における殺戮の合理化』法政大学出版局、一九九八年
J・B・ヒューソン（杉崎昭生訳）『交易と冒険を支えた航海術の歴史』海文堂、二〇〇七年
アルフレート・ファークツ（望田幸男訳）『ミリタリズムの歴史――文民と軍人』福村出版、一九九四年

アーサー・フェリル（鈴木主税、石原正毅訳）『戦争の起源――石器時代からアレクサンドロスにいたる戦争の古代史』ちくま学芸文庫、二〇一八年
フェリペ・フェルナンデス＝アルメスト（小田切勝子訳）『食べる人類誌――火の発見からファーストフードの蔓延まで』早川書房、二〇〇三年
藤木久志『刀狩り――武器を封印した民衆』岩波新書、二〇〇五年
藤原辰史『戦争と農業』インターナショナル新書、二〇一七年
布施将夫『近代世界における広義の軍事史――米欧日の教育・交流・政治』晃洋書房、二〇二〇年
ジェレミー・ブラック（内藤嘉昭訳）『海軍の世界史――海軍力にみる国家制度と文化』福村出版、二〇一四年
ロバート・N・プロクター（宮崎尊訳）『健康帝国ナチス』草思社文庫、二〇一五年
ジョン・ベイリス、ジェームズ・ウィルツ、コリン・グレイ編（石津朋之監訳）『戦略論――現代世界の軍事と戦争』勁草書房、二〇一二年
ルース・ベネディクト（長谷川松治訳）『菊と刀――日本文化の型』講談社学術文庫、二〇〇五年
マイケル・ホッジズ（戸田裕之訳）『カラシニコフ銃 AK47の歴史――世界で最も愛された民衆の武器』河出書房新社、二〇〇九年
リチャード・ホームズ編（五百旗頭真、山口昇監修、山崎正浩訳）『武器の歴史大図鑑』創元社、二〇一二年
バート・S・ホール（市場泰男訳）『火器の誕生とヨーロッパの戦争』平凡社、一九九九年
クライヴ・ポンティング（伊藤綺訳）『世界を変えた火薬の歴史』原書房、二〇一三年
オットー・マイヤー、ロバート・C・ポスト編著（小林達也訳）『大量生産の社会史』東洋経済新報社、一九八四年
前間孝則『技術者たちの敗戦』草思社、二〇〇四年

デヴィッド・マカルー（秋山勝訳）『ライト兄弟――イノベーション・マインドの力』草思社、二〇一七年
三木清「科学と文化」（『三木清全集』第一七巻、岩波書店、一九六八年、所収）
三島由紀夫『金閣寺』新潮文庫、二〇〇三年
三島由紀夫『太陽と鉄・私の遍歴時代』中公文庫、二〇二〇年
三宅宏司「戦争と科学技術」（『岩波講座 現代思想13 テクノロジーの思想』岩波書店、一九九四年、所収）
三輪修三『工学の歴史――機械工学を中心に』ちくま学芸文庫、二〇一二年
レナード・ムロディナウ（水谷淳訳）『この世界を知るための人類と科学の400万年史』河出書房新社、二〇一六年
マルタン・モネスティエ（吉田春美、花輪照子訳）『図説動物兵士全書』原書房、一九九八年
森田敏彦『犬たちも戦争にいった――戦時下大阪の軍用犬』日本機関紙出版センター、二〇一四年
柳田國男『定本 柳田國男集』第二四巻、第三〇巻、筑摩書房、一九七〇年
柳父章『翻訳語成立事情』岩波新書、一九八二年
柳父章『一語の辞典　文化』三省堂、一九九五年
山崎拓馬「日清・日露戦争と従軍僧・従軍神官」（荒川、河西、坂根、坂本、原田編『地域のなかの軍隊8 基礎知識編 日本の軍隊を知る』吉川弘文館、二〇一五年、所収）
山路勝彦編著『日本の人類学――植民地主義、異文化研究、学術調査の歴史』関西学院大学出版会、二〇一一年
山之内靖、ヴィクター・コシュマン、成田龍一編『総力戦と現代化』柏書房、一九九五年
山本武利『十五年戦争極秘資料集 補巻二五『宣撫月報』解説・総目次・索引』不二出版、二〇〇六年
好井裕明、関礼子編著『戦争社会学――理論・大衆社会・表象文化』明石書店、二〇一六年

吉田純編、ミリタリー・カルチャー研究会『ミリタリー・カルチャー研究――データで読む現代日本の戦争観』青弓社、二〇二〇年
吉田裕『日本の軍隊――兵士たちの近代史』岩波新書、二〇〇二年
吉見俊哉他編著『運動会と日本近代』青弓社、一九九九年
『六韜』（林富士馬訳）中公文庫、二〇〇五年
ヴィトルト・リプチンスキ（春日井晶子訳）『ねじとねじ回し――この千年で最高の発明をめぐる物語』ハヤカワノンフィクション文庫、二〇一〇年
P・ルクーター、J・バーレサン（小林力訳）『スパイス、爆薬、医薬品――世界史を変えた17の化学物質』中央公論新社、二〇一一年
エーリヒ・ルーデンドルフ（伊藤智央訳）『総力戦』原書房、二〇一五年
ジョエル・レヴィ（伊藤綺訳）『世界史を変えた50の武器』原書房、二〇一五年
レオナルド・ダ・ヴィンチ（杉浦明平訳）『レオナルド・ダ・ヴィンチの手記』（上・下）岩波文庫、一九五四年、一九五八年
ゴードン・ロットマン（加藤喬訳）『M16ライフル――米軍制式小銃のすべて』並木書房、二〇一七年
アレックス・ローランド（塚本勝也訳）『戦争と技術（シリーズ戦争学入門）』創元社、二〇二〇年
L・T・C・ロルト（磯田浩訳）『工作機械の歴史――職人の技からオートメーションへ』平凡社、一九八九年
スティーヴン・ワインバーグ（赤根洋子訳）『科学の発見』文藝春秋、二〇一六年
和田博文『飛行の夢 1783–1945――熱気球から原爆投下まで』藤原書店、二〇〇五年

著者略歴

石川明人　（いしかわ・あきと）

1974年東京都生まれ。北海道大学卒業、同大学院博士後期課程単位取得退学。博士（文学）。北海道大学助手、助教をへて、現在、桃山学院大学准教授。専攻は宗教学、戦争論。単著に『キリスト教と日本人』（ちくま新書）、『私たち、戦争人間について』（創元社）、『キリスト教と戦争』（中公新書）、『戦場の宗教、軍人の信仰』（八千代出版）、『戦争は人間的な営みである』（並木書房）、『ティリッヒの宗教芸術論』（北海道大学出版会）、共著に『人はなぜ平和を祈りながら戦うのか？』（並木書房）、*Religion in the Military Worldwide*（Cambridge University Press）、『アジアの宗教とソーシャル・キャピタル』（明石書店）などがある。

すべてが武器《ぶき》になる

文化《ぶんか》としての〈戦争《せんそう》〉と〈軍事《ぐんじ》〉

2021年7月20日　第1版第1刷　発行

著者 …… 石川明人

発行者 …… 矢部敬一

発行所 …… 株式会社 創元社

https://www.sogensha.co.jp/

本社　〒541-0047 大阪市中央区淡路町4-3-6

Tel.06-6231-9010　Fax.06-6233-3111

東京支店　〒101-0051 東京都千代田区神田神保町1-2 田辺ビル

Tel.03-6811-0662

印刷所 …… 株式会社 太洋社

ISBN978-4-422-30079-5 C0031